Sunil Kumar Mahla
Manu Jindal

Utilização de biodiesel WCO e n-butanol em motores diesel DI

Sunil Kumar Mahla
Manu Jindal

Utilização de biodiesel WCO e n-butanol em motores diesel DI

ScienciaScripts

Imprint

Cover image: www.ingimage.com

This book is a translation from the original published under ISBN 978-3-639-70292-7.

Publisher:
Sciencia Scripts
is a trademark of
Dodo Books Indian Ocean Ltd. and OmniScriptum S.R.L publishing group

120 High Road, East Finchley, London, N2 9ED, United Kingdom
Str. Armeneasca 28/1, office 1, Chisinau MD-2012, Republic of Moldova, Europe
Managing Directors: Ieva Konstantinova, Victoria Ursu
info@omniscriptum.com

Printed at: see last page
ISBN: 978-620-8-51276-7

RECONHECIMENTO

Gostaria de começar por apresentar os meus mais sinceros agradecimentos ao **Dr. S. K. Mahla** por me ter dado a oportunidade de trabalhar com ele e por me ter orientado ao longo do trabalho aqui contido. O caminho que conduziu à conclusão desta tese foi longo e a sua paciência durante este processo foi inestimável. Aprendi muito durante a minha estadia na Universidade Thapar.

Agradeço a toda a gente do Departamento de Ambiente da Universidade de Thapar pelos seus conhecimentos e pela ajuda que me deram. Gostaria de agradecer a **Sumit Sir** e **Anirudh Sir** pela sua orientação sobre a produção de biodiesel e a sua análise. Cumprimento seriamente **o Dr. Krishnendu Kundu**, cientista, CSIR CMERI, Ludhiana, por me ter ajudado na análise das propriedades do biodiesel.

Gostaria também de agradecer a vários dos meus amigos por me terem ajudado a manter a sanidade mental e por me terem proporcionado várias recordações fantásticas durante o meu projeto. As palavras nunca seriam capazes de compreender a profundidade dos sentimentos para com os meus venerados **pais** e outros membros da família pelo seu amor e apoio constantes e intermináveis (mental, emocional e financeiro) ao longo de toda a minha carreira universitária, que foram extremamente úteis e sem os quais não estaria onde estou hoje.

Manu Jindal

Índice

NOTAÇÕES E ABREVIATURAS

ASTM	American Society for Testing Materials
BSFC	Brake specific fuel consumption
BTE	Brake Thermal Efficiency
BSEC	Brake Specific Energy Consumption
BHP	Brake Horse Power
BSN	Bosch Smoke Number
°C	Degree Celsius
cc	Centimeter cube
CI	Compression ignition
CO	Carbon monoxide
CO_2	Carbon dioxide
NOx	Nitric Oxides
cS	Centistokes
FFA	Free Fatty Acid
g	Gram
hr	Hour
HC	Hydrocarbon
IC	Internal combustion
IS	Indian Standards
kg	Kilogram
kW	Kilowatt
KOH	Potassium hydroxide
L	Litre
ml	Mililitre
mg	Miligram

RESUMO

Nos últimos anos, dois problemas têm suscitado a preocupação das pessoas. Um deles é a crise energética causada pelo esgotamento dos combustíveis petrolíferos. O outro são as questões ambientais, como o efeito de estufa, o aquecimento global, etc. Por conseguinte, a tecnologia de utilização de fontes renováveis e a tecnologia de produção de bioenergia desenvolveram-se rapidamente para resolver estes dois problemas. O biodiesel está a receber uma atenção crescente como combustível diesel alternativo, não tóxico, biodegradável e renovável. É derivado de óleos e gorduras por transesterificação com álcoois. A atual crise energética devido ao esgotamento contínuo dos escassos combustíveis fósseis resultou no aumento dos preços globais do petróleo bruto, o que irá afetar a economia de muitos países. Num país como a Índia, onde os óleos alimentares continuam a ser importados, valeria a pena explorar a possibilidade de utilizar esses óleos não comestíveis ou óleos alimentares usados em motores de ignição por compressão que não são utilizados na prática como óleo alimentar ou que já foram utilizados.

A produção de biodiesel a partir de óleos vegetais usados oferece uma solução com três vertentes: económica, ambiental e de gestão de resíduos. As novas tecnologias de processamento desenvolvidas durante os últimos anos tornaram possível produzir biodiesel a partir de óleos de fritura reciclados com uma qualidade comparável à do biodiesel de óleo vegetal virgem, com a vantagem adicional de ter um preço mais baixo. Assim, o biodiesel produzido a partir de óleos de fritura reciclados tem as mesmas possibilidades de ser utilizado. De um ponto de vista económico, a produção de biodiesel é muito sensível às matérias-primas. Do ponto de vista da gestão de resíduos, a produção de biodiesel a partir de óleo de fritura usado é benéfica para o ambiente, uma vez que proporciona uma forma mais limpa de eliminar estes produtos; entretanto, pode produzir reduções valiosas de CO2, bem como ganhos significativos em termos de poluição do tubo de escape.

O butanol é uma alternativa potencial ao etanol e oferece muitos benefícios, incluindo um valor de aquecimento muito mais elevado e um menor calor latente de vaporização. Tem também um índice de cetano mais elevado do que o etanol e uma melhor miscibilidade no gasóleo. Além disso, o butanol é menos corrosivo e menos propenso à absorção de água do que o etanol, o que permite que seja transportado utilizando as condutas de abastecimento de combustível existentes.

Esta tese inclui a produção de biodiesel a partir de óleo alimentar usado (usando a reação de transesterificação a uma razão molar de 6:1), as suas propriedades e testes de motores e a comparação com misturas de biodiesel e butanol e diesel puro. Foi realizado um trabalho experimental para avaliar o efeito da utilização de n-butanol (butanol normal) em misturas de biodiesel com gasóleo convencional no parâmetro de desempenho do motor de um motor de ignição por compressão de injeção direta monocilíndrico com o motor a trabalhar a três cargas diferentes e também em vazio. Prepararam-se misturas de biodiesel-diesel (B20, B40 e B60) e biodiesel-diesel-n-butanol (nB10 e nB20) e verificaram-se os parâmetros de desempenho do motor e as emissões. Os parâmetros de desempenho avaliados incluem a eficiência térmica do travão (BTE), o consumo específico de combustível do travão (BSFC), o consumo específico de energia do travão (BSEC) e a potência térmica do travão (BHP). Os parâmetros de emissão incluíram HC, CO2, CO, NOx e fumos. Os resultados foram comparados com os do gasóleo puro. As emissões foram reduzidas em 25-50% e a eficiência aumentou em 13%. A experiência garante que 20% de biodiesel misturado com gasóleo e 10% de mistura de butanol deram os melhores resultados e podem ser utilizados sem qualquer modificação no motor diesel e melhoraram a combustão, o BSFC, a eficiência e o desempenho geral do motor.

CAPÍTULO 1

INTRODUÇÃO

1.1 ENERGIA E AMBIENTE

Com exceção da hidroeletricidade e da energia nuclear, a maior parte das necessidades energéticas mundiais é suprida por fontes petroquímicas, carvão e gás natural. Todas estas fontes são finitas e, às taxas de utilização actuais, serão consumidas no futuro (Meher *et al*, 2006). O esgotamento das reservas mundiais de petróleo e as crescentes preocupações ambientais estimularam o interesse recente por fontes alternativas aos combustíveis derivados do petróleo (Fukuda *et al*, 2001).

1.1.1 Setor energético indiano

Total Installed Capacity: 1,44,912 MW

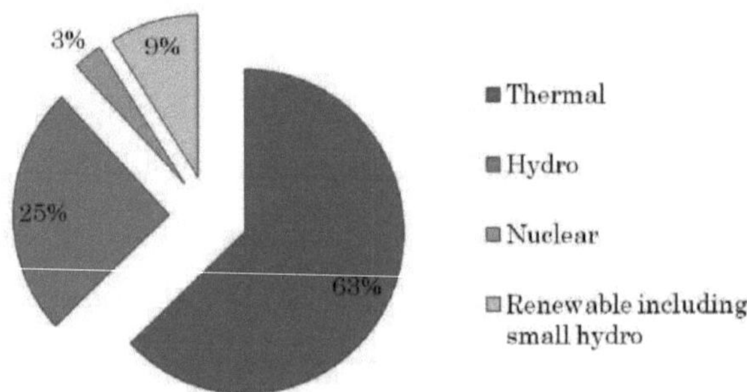

Figura 1.1: Divisão da energia na Índia

(Fonte:http://www.slideshare.net/missingswthme/savedfiles?s_title=renewable-energy-in-india-status-and- future-prospects&user_login=push_shan)

Com a diminuição da energia convencional e as normas de emissão cada vez mais rigorosas, é importante desenvolver novos motores de combustão interna com baixas emissões, elevada eficiência de combustível e elevada potência específica. (Jilin Lei at al 2012).

1.1.2 Evolução do consumo de energia

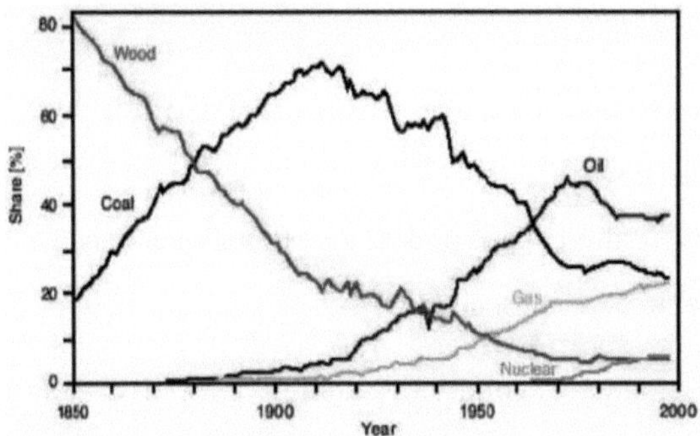

Figura 1.2: Tendências da utilização de energia

1.1.3 Facturas de energia

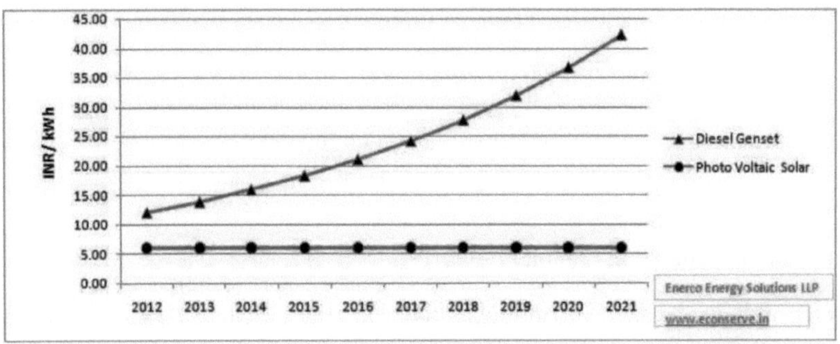

Figura 1.3: Facturas de energia

Nesta perspetiva, tem sido dada uma atenção considerável à produção de biodiesel como substituto do gasóleo. Além disso, o biodiesel tornou-se mais atrativo devido aos seus benefícios ambientais, uma vez que as plantas, os óleos vegetais e as gorduras animais são fontes de biomassa renováveis. (P. Pramanik, P. Das , P.J. Kim 2012).

1.2 COMBUSTÍVEIS ALTERNATIVOS

O interesse crescente em combustíveis alternativos para automóveis e camiões é motivado por três considerações importantes:

1. Os combustíveis alternativos produzem geralmente menos emissões dos

veículos que contribuem para o smog, a poluição atmosférica e o aquecimento global;

2. A maioria dos combustíveis alternativos não é derivada de recursos finitos de combustíveis fósseis; e

3. Os combustíveis alternativos podem ajudar qualquer nação a tornar-se mais independente do ponto de vista energético.

Os combustíveis alternativos, conhecidos como combustíveis não convencionais ou avançados, são quaisquer materiais ou substâncias que podem ser utilizados como combustíveis, para além dos combustíveis convencionais. Os combustíveis convencionais incluem: combustíveis fósseis (petróleo (óleo), carvão e gás natural), bem como materiais nucleares como o urânio e o tório, bem como combustíveis artificiais de radioisótopos que são produzidos em reactores nucleares.

Alguns combustíveis alternativos bem conhecidos incluem

4. biodiesel
5. bio-álcool (metanol, etanol, butanol)
6. eletricidade armazenada quimicamente (baterias e células de combustível)
7. hidrogénio
8. metano não fóssil, propano e gás natural> outras fontes de biomassa

Biodiesel

O biodiesel é derivado de óleos vegetais e gorduras animais. Normalmente, produz menos poluentes atmosféricos do que o gasóleo derivado do petróleo.

Álcool combustível

O metanol e o etanol combustível são fontes primárias de energia; são combustíveis convenientes para armazenar e transportar energia. Estes álcoois podem ser utilizados em motores de combustão interna como combustíveis alternativos. **O butanol** tem outra vantagem: é o único combustível para motores à base de álcool que pode ser transportado facilmente através das redes de oleodutos de produtos petrolíferos existentes, em vez de apenas por camiões-cisterna e vagões ferroviários. **O etanol** é produzido internamente a partir do milho e de outras culturas e produz menos emissões de gases com efeito de estufa do que os combustíveis convencionais. No entanto, **o metanol** poderá tornar-se um importante combustível alternativo no futuro, como fonte do hidrogénio necessário para alimentar os veículos com células de combustível.

Hidrogénio

O hidrogénio pode ser misturado com gás natural para criar um combustível alternativo para veículos que utilizam certos tipos de motores de combustão interna. O hidrogénio é também utilizado em veículos com células de combustível que funcionam com eletricidade produzida pela reação petroquímica que ocorre quando o hidrogénio e o oxigénio são combinados na "pilha" de combustível.

Propano

O propano - também designado por gás de petróleo liquefeito ou GPL - é um subproduto do processamento de gás natural e da refinação de petróleo bruto. Já amplamente utilizado como combustível para cozinhar e aquecer, o propano é também um combustível alternativo popular para veículos. O propano produz menos emissões do que a gasolina e existe também uma infraestrutura altamente desenvolvida para o transporte, armazenamento e distribuição de propano.

Gás natural

O gás natural é um combustível alternativo que arde de forma limpa e já está amplamente disponível para as pessoas em muitos países através de serviços públicos que fornecem gás natural a casas e empresas. Quando utilizado em veículos a gás natural - carros e camiões com motores especialmente concebidos - o gás natural produz muito menos emissões nocivas do que a gasolina ou o gasóleo.

Eletricidade armazenada

A eletricidade pode ser utilizada como combustível alternativo de transporte para veículos eléctricos alimentados por baterias e por células de combustível. Os veículos eléctricos alimentados por bateria armazenam energia em baterias que são recarregadas ligando o veículo a uma fonte eléctrica normal. Os veículos com células de combustível funcionam com eletricidade produzida através de uma reação eletroquímica que ocorre quando o hidrogénio e o oxigénio são combinados. As células de combustível produzem eletricidade sem combustão ou poluição.

Biomassa

No sector da produção de energia, a biomassa é um material biológico vivo ou recentemente morto que pode ser utilizado como combustível ou para a produção industrial.

1.3 BIODIESEL

Definição técnica para biodiesel (ASTM D 6751) e mistura de biodiesel: *Biodiesel, n* - um combustível composto por ésteres monoalquílicos de ácidos gordos de cadeia longa derivados de óleos vegetais ou gorduras animais, designado B100, e que cumpre os requisitos da norma ASTM D 6751.

Mistura de biodiesel, n - uma mistura de combustível biodiesel que cumpre a norma ASTM D 6751 com combustível diesel à base de petróleo, designada BXX, em que XX representa a percentagem volumétrica de combustível biodiesel na mistura.

1.3.1 Biodiesel e óleo vegetal bruto

O biodiesel para combustível deve ser produzido de acordo com especificações industriais rigorosas (ASTM D6751) para garantir um desempenho adequado. O biodiesel que cumpre a norma ASTM D6751 e está legalmente registado na Agência de Proteção Ambiental é um combustível legal para venda e distribuição. O óleo vegetal bruto não pode cumprir as especificações do combustível biodiesel, não está registado na EPA e não é um combustível legal para motores.

1.3.2 Cenário do biodiesel na Índia

Como a Índia é deficiente em óleos comestíveis, o óleo não comestível é a principal escolha para a produção de biodiesel. De acordo com a política do governo indiano e os efeitos da tecnologia indiana, foram efectuados alguns trabalhos de desenvolvimento no que respeita à produção de óleo não comestível transesterificado e à sua utilização em biodiesel por unidades como o Instituto Indiano de Ciência, Bangalore, a Universidade de Agricultura de Tamilnadu, Coimbatore, e o Kumaraguru College of Technology. Geralmente, é utilizada uma mistura de 5% a 20% na Índia (B5 a B20). A Faculdade de Tecnologia de Kumaraguru está a realizar investigação para alterar marginalmente os parâmetros do motor de modo a adaptar-se às sementes de Jatropha indianas e minimizar o custo da transesterificação.

1.3.3 Considerações ambientais

O biodiesel é o único combustível alternativo que cumpriu integralmente os requisitos de ensaio dos efeitos na saúde previstos na Lei do Ar Limpo. As emissões resultantes da utilização de biodiesel em motores de combustão são muito reduzidas em comparação com os combustíveis diesel de petróleo convencionais, até 100% de dióxido de enxofre, 48% de monóxido de carbono, 47% de partículas, 67% de hidrocarbonetos totais não queimados e até 90% de redução da mutagenicidade. (Lotero E. et al., 2005). Talvez a redução mais significativa com base na análise do ciclo de vida seja a redução de 78% do dióxido de carbono, que é considerado o gás com efeito de estufa mais importante nos modelos climáticos. Zhang et al. (2003)

mostraram que o biodiesel tem uma biodegradabilidade muito maior do que o gasóleo com baixo teor de enxofre e que a adição de biodiesel ao gasóleo promove efetivamente a biodegradabilidade do gasóleo, tornando as misturas mais atractivas do ponto de vista ambiental. Com base em ensaios de motores, utilizando os protocolos de ensaio de emissões mais rigorosos exigidos pela EPA para a certificação de combustíveis ou aditivos de combustíveis nos EUA, o potencial global de formação de ozono das emissões de hidrocarbonetos especificados do biodiesel foi quase 50% inferior ao medido para o combustível para motores diesel.

AVERAGE BIODIESEL EMISSIONS COMPARED TO CONVENTIONAL DIESEL, ACCORDING TO EPA		
Emission Type	**B100**	**B20**
Regulated		
Total Unburned Hydrocarbons	-67%	-20%
Carbon Monoxide	-48%	-12%
Particulate Matter	-47%	-12%
Nox	+10%	+2% to -2%
Non-Regulated		
Sulfates	-100%	-20%*
PAH (Polycyclic Aromatic Hydrocarbons)**	-80%	-13%
nPAH (nitrated PAH's)**	-90%	-50%***
Ozone potential of speciated HC	-50%	-10%

Figura 1.4: Emissões de biodiesel de acordo com a EPA

(Fonte -http://biodiesel.org/docs/ffs-basics/emissions-fact-sheet.pdf?sfvrsn=4)

- Estimado a partir do resultado do B100
- ** Redução média em todos os compostos medidos
- *** Os resultados da 2-nitroflourina estavam dentro da variabilidade do método de ensaio

1.3.4 Óleos vegetais usados

Todos os anos, muitos milhões de toneladas de óleos alimentares usados são recolhidos e utilizados de diversas formas em todo o mundo. Trata-se de uma fonte de energia praticamente inesgotável, que poderá também constituir uma fonte de energia adicional. Estes óleos contêm alguns produtos de degradação dos óleos vegetais e matérias estranhas. No entanto, as análises de óleos vegetais usados indicam que as diferenças entre gorduras usadas e não usadas não são muito grandes e, na maioria dos casos, o simples aquecimento e a remoção por filtração de partículas sólidas são suficientes para a transesterificação subsequente. O número de cetano de um éster metílico de óleo de fritura usado foi dado como 49, comparando assim bem com outros materiais.

Os óleos alimentares contêm muitos tipos de óleos de origem vegetal, bem como óleos animais fundidos. Há uma quantidade suficiente de óleos e gorduras alimentares usados gerados anualmente em todo o mundo, incluindo 18 mil milhões de libras de óleo de soja e 11 mil milhões de libras de gordura animal, para produzir cerca de 5 mil milhões de galões de biodiesel. (**Pearl, G.G.2002**). As gorduras, a humidade, as proteínas e os fragmentos animais extraídos das carnes durante o processo de fritura podem tornar-se um componente importante dos óleos alimentares usados, especialmente quando afectam o processo de produção de biodiesel em termos de requisitos de filtragem, potencial envenenamento do catalisador e alteração da composição de ésteres de ácidos gordos no produto final. Os óleos alimentares usados com menos de 15% de ácidos gordos livres (AGL) como subproduto da oxidação são considerados gordura amarela e quando os óleos excedem 15% de AGL, como pode ocorrer particularmente nos meses de verão durante o armazenamento de gordura usada, são considerados uma gordura castanha de valor inferior. (**Canakci, M., e J.Van Gerpen.2001**). Segundo eles, a gordura amarela pode ser combinada com gordura amarela com baixo teor de AGL para ser vendida a um preço mais elevado. Zhang et al. propuseram um processo de esterificação catalisado por ácido para a conversão de óleos alimentares usados em biodiesel.

1.3.5 Vantagens do biodiesel

As vantagens do biodiesel são as seguintes

- É um substituto renovável do petróleo e do gasóleo.
- Único combustível alternativo a cumprir integralmente os requisitos de ensaio dos efeitos na saúde previstos no Clean Air Act.
- Reduz em 80-90% os compostos ligados ao cancro.
- Reduz as emissões de partículas, CO e hidrocarbonetos não queimados.
- Tem um baixo teor de enxofre e aromático.
- É um combustível facilmente disponível e biodegradável.

> O seu ponto de inflamação é superior ao do gasóleo.

> A sua eficiência de combustão é elevada.

> Tem melhores propriedades de lubrificação do que o gasóleo.

> Tem menos emissões de HC, CO2 e CO do que o petróleo e o gasóleo.

> Tem menos emissões de partículas do que o petróleo e o gasóleo.

> Contribui para a segurança energética nacional.

> O seu teor energético é o mais elevado de todos os combustíveis alternativos.

> Funciona em qualquer motor diesel com poucas ou nenhumas modificações.

> O biodiesel é o combustível mais seguro para utilizar, armazenar e manusear.

> Demonstra uma economia de combustível, potência e binário semelhantes aos do gasóleo de petróleo.

> Transição sem problemas de uma frota a gasóleo para um programa de queima mais limpa.

1.3.6 Limitações do biodiesel

> Os biocombustíveis têm um rendimento energético inferior ao dos combustíveis tradicionais e, por conseguinte, exigem o consumo de maiores quantidades para produzir o mesmo nível de energia.

> O biodiesel pode começar a solidificar entre 4-5°C (40°F), dependendo do óleo utilizado, o que pode causar problemas de arranque em tempo frio. Durante o inverno, deve ser utilizada uma mistura 50/50 de gasóleo normal/mistura de biodiesel.

> Para refinar os biocombustíveis de modo a obter resultados energéticos mais eficientes e para construir as instalações de fabrico necessárias para aumentar as quantidades de biocombustíveis, é frequentemente necessário um investimento inicial elevado.

> Existe a preocupação de que a utilização de terrenos agrícolas valiosos para a produção de culturas destinadas à produção de combustíveis possa ter um

impacto no custo dos géneros alimentícios e, eventualmente, conduzir a uma escassez de alimentos.

1.4 COMBUSTÍVEIS OXIGENADOS

A lei federal Clean Air Act Amendments de 1990 estabeleceu um programa de combustíveis oxigenados de inverno para combater as emissões de monóxido de carbono dos veículos.

O monóxido de carbono (CO) é um gás incolor, inodoro e venenoso produzido pela queima incompleta do carbono nos combustíveis. Quando entra na corrente sanguínea, reduz o fornecimento de oxigénio aos órgãos e tecidos do corpo. As ameaças à saúde são mais graves para as pessoas que sofrem de doenças cardiovasculares, em especial as que sofrem de angina ou de doença vascular periférica. A exposição a níveis elevados de CO pode causar perturbações na perceção visual, na destreza manual, na capacidade de aprendizagem e no desempenho de tarefas complexas.

A partir de 1992, a gasolina vendida durante os meses de inverno nas zonas designadas como zonas de não consecução da poluição por monóxido de carbono tem de conter 2,7 por cento de oxigénio em peso. A adição de oxigenados, como o etanol, à gasolina diminui significativamente a poluição por monóxido de carbono. De facto, várias zonas aumentaram o teor mínimo de oxigénio para 3-3,5% em peso.

O etanol é o combustível oxigenado de eleição neste programa. O sucesso tem sido tal que muitas zonas estão a demonstrar que atingiram o nível de monóxido de carbono e a incluir a utilização contínua de combustível oxigenado no seu plano de manutenção.

1.4.1 n-Butanol

n- O butanol tem muitas vantagens sobre o etanol, incluindo uma maior densidade energética devido aos dois carbonos extra, e pode ser utilizado em motores a gasolina sem modificações. *n*- O butanol é menos higroscópico e evaporativo do que o etanol e foi recentemente considerado um biocombustível de transporte mais viável do que o etanol. (EzejiT C et al., 2007). Também os testes de combustível demonstram que o biobuatnol de elevado teor de octano pode proporcionar caraterísticas de desempenho excepcionais em comparação com uma mistura de 10% de etanol, o que resultou ainda numa densidade energética/economia de combustível melhorada em comparação com as actuais misturas de biocombustíveis para utilização na infraestrutura de combustíveis existente. (Cascone, R 2007). O butanol tem uma temperatura de auto-ignição mais baixa do que o metanol e o etanol. Por conseguinte, o butanol pode ser inflamado mais facilmente quando queimado em motores diesel. O butanol apresenta boas propriedades quando comparado com os seus homólogos, como o 2-butanol, o iso-butanol e o tertbutanol, e com outros combustíveis, como a gasolina e o etanol.

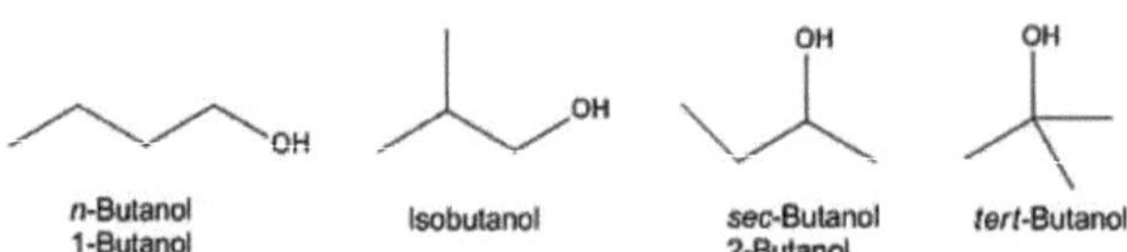

Figura 1.5: Diversas formas de Butanol

1.4.2 Produção de butanol

O butanol pode ser obtido através de tecnologias químicas, como a oxossíntese e a condensação de aldol. Também é possível produzir butanol no processo de fermentação por bactérias e butanol como um dos produtos chamados biobutanol. A espécie de bactéria mais utilizada para a fermentação é a Clostridium acetobutylicum. Devido ao facto de os principais produtos deste processo conterem acetona, butanol e etanol, a fermentação é designada por fermentação ABE (Qureshi e Maddox, 1995).

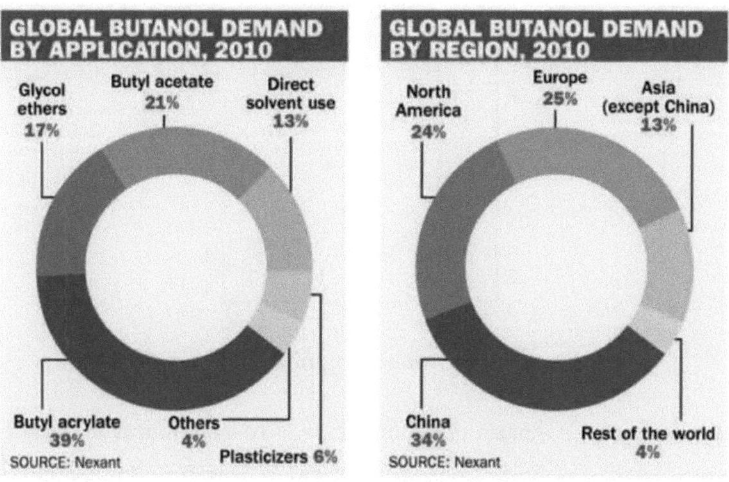

Figura 1.6: Procura de Butanol

1.4.3 Aplicações

Em 2006, foi demonstrado que o n-butanol pode ser utilizado a 100% em motores de ignição de 4 ciclos não modificados ou misturado com gasóleo a pelo menos 30% num motor de compressão a gasóleo ou misturado com querosene a 20% num motor de turbina a jato (Schwarz et al., 2006). A utilização dos materiais residuais melhora a economia da produção de butanol, o que faz com que o biobutanol tenha um grande potencial para ser o próximo novo tipo de biocombustível, apesar das desvantagens existentes.

1.5 MOTOR CI (MOTOR DIESEL)

O motor diesel (motor de ignição por compressão) é um motor de combustão interna que utiliza o calor da compressão para iniciar a ignição e queimar o combustível que foi injetado na câmara de combustão. O motor diesel tem a eficiência térmica mais elevada de qualquer motor de combustão interna ou externa padrão devido à sua taxa de compressão muito elevada. Os motores a gasóleo de baixa velocidade (como os utilizados em navios e outras aplicações em que o peso total do motor é relativamente pouco importante) podem ter uma eficiência térmica superior a 50%.

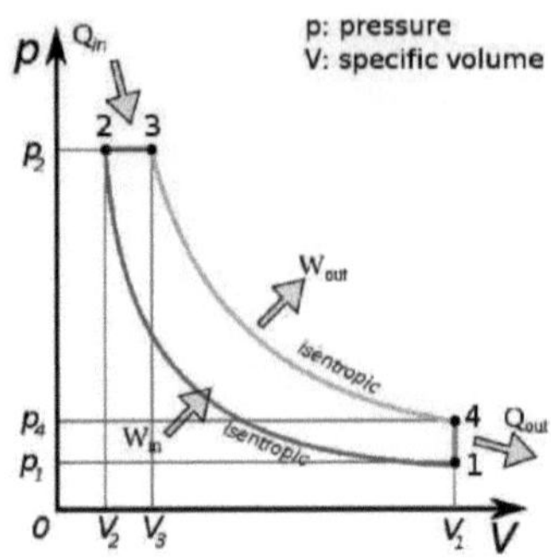

Figura 1.7: Motor de ignição por compressão

O conceito subjacente à ignição por compressão envolve a utilização do calor latente acumulado pela elevada compressão do ar no interior de uma câmara de combustão como meio de ignição do combustível.

O processo envolve a compressão de uma carga de ar no interior da câmara de combustão para um rácio de aproximadamente 21:1 (em comparação com cerca de 9:1 para um sistema de ignição por faísca). Este elevado nível de compressão gera um enorme calor e pressão no interior da câmara de combustão, exatamente no momento em que o combustível é preparado para ser fornecido. Um bico de injeção ligado à câmara de combustão pulveriza uma névoa de combustível doseado com precisão para o ar quente comprimido, onde este se transforma numa explosão controlada que faz girar a massa rotativa no interior do motor.

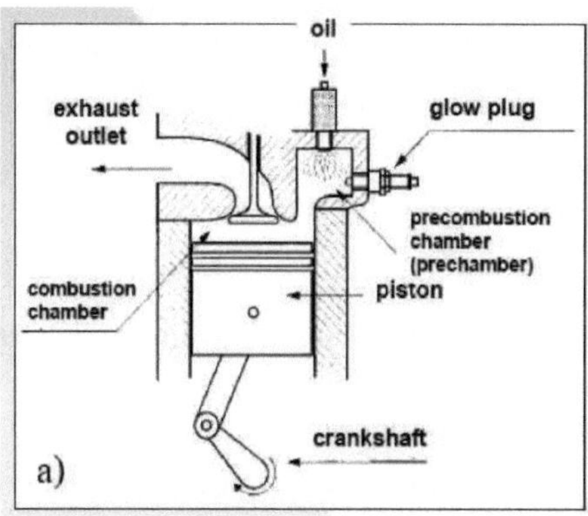

Figura 1.8: Esquema de um motor de ignição por compressão

No princípio de funcionamento da combustão

1. O óleo é injetado na câmara de combustão
2. O jato de óleo é atomizado em gotículas
3. As gotas sofrem evaporação.
4. Os vapores são misturados com ar quente e forma-se uma mistura combustível.

Rudolf Diesel patenteou o primeiro motor a gasóleo em 1892, em Berlim, Alemanha, trabalhando para a Linde Enterprises, depois de se ter mudado de Paris. Em 1894, demonstrou um motor à escala de produção com cerca de 3 m de altura, que explodiu e o levou à morte por pouco. Em 1900, demonstrou um motor a gasóleo funcional utilizando óleo de amendoim como combustível na Exposição Mundial de Paris. Antes da sua misteriosa morte em 1913, afirmou que *"a utilização de óleos vegetais como combustível para motores pode parecer insignificante hoje em dia, mas esses óleos podem tornar-se, com o passar do tempo, tão importantes como o petróleo e os produtos de alcatrão de hulha da atualidade"*.

Os motores diesel convencionais podem funcionar com biodiesel (B100) ou misturas como B20 (20% de biodiesel e 80% de gasóleo) sem grandes modificações e melhorar o desempenho global. O aumento do efeito solvente e das propriedades de lubrificação com B20, B100 e E-biodiesel proporciona um maior desempenho do motor e uma maior esperança de vida. O tempo de injeção pode ser ajustado para acomodar uma eficiência térmica ainda melhor quando os motores diesel convencionais funcionam com biodiesel. Isto resulta em emissões significativamente mais baixas de partículas e depósitos de carbono no motor e nos bicos injectores.

1.6 Especificações ASTM para óleos combustíveis para motores diesel (D975-97)

O gasóleo é caracterizado nos Estados Unidos pela norma ASTM D 975. Esta norma identifica cinco categorias de gasóleo, a seguir descritas.

Grau n.º 1-D e baixo teor de enxofre 1-D: Um combustível destilado leve para aplicações que exigem um combustível de maior volatilidade para cargas e velocidades rapidamente flutuantes, como nos camiões ligeiros e autocarros . A especificação para este tipo de gasóleo sobrepõe-se à do querosene e do combustível para motores a jato e os três são normalmente produzidos a partir da mesma matéria-prima. Uma das principais utilizações do gasóleo n.º 1-D é a mistura com o n.º 2-D durante o inverno para melhorar as propriedades de fluxo a frio. O combustível com baixo teor de enxofre é necessário para utilização em auto-estradas, com um nível de enxofre inferior a 0,05%.

Grau N.º 2-D e Baixo teor de enxofre 2-D: Um combustível de destilado médio para aplicações que não requerem um combustível de elevada volatilidade. As aplicações típicas são motores de alta velocidade que funcionam durante períodos prolongados com carga elevada. O combustível com baixo teor de enxofre é necessário para uso em rodovias com nível de enxofre < 0,05%.

Grau n.º 4-D: Um combustível destilado pesado que é viscoso e pode exigir o aquecimento do combustível para uma atomização correta do mesmo. É utilizado principalmente em motores de baixa e média velocidade.

A norma ASTM D975 especifica os valores das propriedades apresentados no quadro seguinte para estes tipos de gasóleo. O aspeto surpreendente da ASTM D 975 é o número reduzido de requisitos efetivamente incluídos. A norma não diz nada sobre a composição do combustível ou a sua origem. Apenas define alguns dos valores de propriedade necessários para proporcionar um funcionamento aceitável do motor e um armazenamento e transporte seguros.

Tabela 1.1: Requisitos para óleos combustíveis para motores diesel (ASTM D 975-97)

Property	Grade LS #1	Grade LS #2	Grade No. 1-D	Grade No. 2-D	Grade No. 4-D
Flash point °C, min	38	52	38	52	55
Water and sediment, % vol, max.	0.05	0.05	0.05	0.05	0.50
Distillation temp., °C, 90%					
Min.	--	282	--	282	--
Max.	288	338	288	338	--
Kinematic Viscosity,					
mm^2/s at 40°C					
Min.	1.3	1.9	1.3	1.9	5.5
Max.	2.4	4.1	2.4	4.1	24.0
Ramsbottom carbon residue,					
on 10%, %mass, max.	0.15	0.35	0.15	0.35	--
Ash, % mass, max.	0.01	0.01	0.01	0.01 0.10	
Sulfur, % mass, max	0.05	0.05	0.50	0.50 2.00	
Copper strip corrosion,					
Max 3 hours at 50°C	No. 3	No. 3	No. 3	No. 3	--
Cetane Number, min.	40	40	40	40	30
One of the following					
Properties must be met:					
(1) cetane index	40	40	--	--	--
(2) Aromaticity,					
% vol, max	35	35	--	--	--

1.7 Objectivos do presente projeto

O estudo proposto foi realizado com biodiesel derivado de óleo alimentar usado com os seguintes objectivos

> Padronização do processo de transesterificação para produção de biodiesel.

> Determinação das propriedades do biodiesel optimizado produzido a partir de óleos alimentares usados.

> Teste de motores de biodiesel de OMA e n-butanol.

- Avaliação e comparação de várias caraterísticas de emissão do biodiesel de OMA, tais como emissões de hidrocarbonetos, emissões de dióxido de carbono, emissões de monóxido de carbono e emissões de óxido de azoto com o combustível para motores diesel.
- Comparação das emissões resultantes de misturas de OMA e de misturas de n-butanol e sua análise.

CAPÍTULO 2

REVISÃO DA LITERATURA

2.1 INTRODUÇÃO

As alternativas ao gasóleo devem ser tecnicamente viáveis, competitivas do ponto de vista técnico-económico, aceitáveis do ponto de vista ambiental e facilmente disponíveis **(Srivastiva e Prasad, 2000).** Muitos destes requisitos são satisfeitos pelos óleos vegetais ou, em geral, pelos triglicéridos. Os óleos vegetais tornaram-se uma das matérias-primas mais populares para os combustíveis renováveis e estão amplamente disponíveis numa variedade de fontes. Em anos anteriores, o óleo vegetal não era uma escolha preferida para combustíveis diesel alternativos devido ao seu elevado custo quando comparado com o diesel convencional. Há também muitos problemas associados à utilização direta de óleo vegetal num motor diesel, ou seja, viscosidade mais elevada, combustão incompleta, ponto de inflamação mais elevado, diluição do óleo lubrificante, depósitos elevados de carbono, colagem de anéis, desgaste do revestimento do motor, falha do bico de injeção e pontos de nuvem e de fluidez mais elevados **(Murugesan et al., 2009).** De acordo com **Knothe (2005),** a viscosidade dos óleos vegetais é 10 a 20 vezes superior à do combustível petrolífero, pelo que a utilização direta de óleos vegetais como combustível pode causar problemas no motor, como a incrustação do injetor e a aglomeração de partículas.

2.2 SOBRE O BIODIESEL

Codd et al., (1975) referiram que os óleos vegetais são produtos naturais, pelo que estão sujeitos a alguma variação na composição e no teor de ácidos gordos. São referidos os ácidos gordos mais comuns presentes nos óleos vegetais. É evidente que, ao contrário do gasóleo, os óleos vegetais contêm uma quantidade significativa de oxigénio para além do carbono e do hidrogénio. A presença de diferentes ácidos gordos depende também de uma série de factores, como a variedade botânica, as condições climáticas, a composição do solo, a precipitação e a temperatura.

Goering et al., (1981) estudaram o teor de diferentes ácidos gordos em vários óleos vegetais. Uma vez que se verificou que o teor de ácidos gordos dos óleos vegetais é um fator significativo na redução da acumulação de carbono no motor, os óleos com um nível de saturação mais baixo são mais desejáveis como combustíveis.

Pryde (1982) definiu os óleos vegetais como ésteres gordos de glicerol, conhecidos como triglicéridos, que compreendem uma molécula de glicerol e três moléculas de ácidos gordos, geralmente com cadeias não ramificadas de diferentes comprimentos e graus de saturação. A estrutura química do óleo vegetal é apresentada na figura 2.1, em que R1, R2 e R3 representam a cadeia de hidrocarbonetos dos ácidos gordos. Esta cadeia nos óleos vegetais pode ser igual ou diferente em termos de comprimento, número e posição das ligações duplas. Com exceção do crambe e de algumas variedades de colza, todos os outros óleos vegetais possuem, no máximo, 18 átomos de carbono com 2 a 3 ligações duplas, ao passo que o gasóleo tem 12 a 18 átomos de carbono. Assim, ao contrário do gasóleo, os óleos vegetais contêm uma quantidade suficiente de oxigénio para além do hidrogénio, o que pode facilitar a combustão na câmara de combustão do motor.

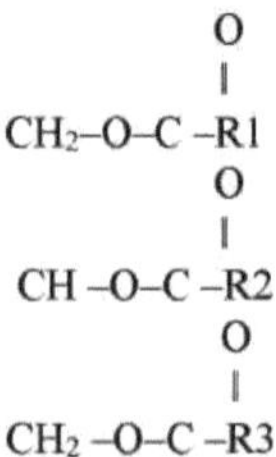

Figura 2.1: Estrutura química dos óleos vegetais

Peterson (1986) referiu que o peso molecular da porção de glicerol (C3H5) numa molécula de triglicérido é de 41, enquanto o peso molecular combinado dos radicais de ácidos gordos (RCOO) que compreendem o resto da molécula varia com as diferentes gorduras, de cerca de 650 a 970 em peso molecular. Assim, os ácidos gordos contribuem com 94 a 96% do peso total da molécula. Esta composição de ácidos gordos é crucial e afecta muito as propriedades químicas e físicas, como a viscosidade, a densidade e o valor calorífico de um óleo combustível.

Scholl e Sorenson (1993) referiram que as emissões e as partículas não queimadas foram reduzidas com a utilização de um éster metílico de soja num motor de combustão interna, enquanto se registou um aumento de 15,1% na eficiência energética, uma redução de 3,55% nas PM10, uma redução de 7,49% nas PM2,5, uma redução de 43-90,2% nos PAH totais e uma diminuição de 63,1-89,6% no equivalente total de BaP. No entanto, a concorrência do solo com as culturas alimentares, o custo do pré-tratamento e os poluentes secundários com a transesterificação limitaram a utilização de biocombustíveis à base de culturas. Os óleos alimentares usados ou os óleos não comestíveis podem ser boas alternativas. O butanol foi também considerado um aditivo adequado.

Alfuso et al., (1993) efectuaram ensaios de emissões de um motor diesel de injeção direta e ignição por compressão com éster metílico de colza. Foi referido que o éster metílico de colza promoveu um aumento dos NOX, uma diminuição dos HC e CO e uma redução dos fumos. As partículas produzidas pelo éster metílico de colza em ciclos transientes foram superiores às obtidas com gasóleo. A contribuição das fracções orgânicas solúveis foi mais elevada a baixas cargas. O éster metílico de colza produziu mais fracções orgânicas solúveis e partículas do que o combustível para motores diesel a cargas mais leves, ao passo que, na proximidade da carga máxima, a tendência foi oposta. A emissão de hidrocarbonetos do gasóleo foi mais elevada com cargas mais leves e mais baixa com cargas mais elevadas. A emissão de monóxido de carbono foi praticamente a mesma com o gasóleo a diferentes cargas, mas diminuiu com o éster metílico de colza e a produção de óxido de azoto foi geralmente mais elevada com o biocombustível.

Fangrui Maa, Milford A. Hannab (1995) descreveram as quatro principais formas de produzir biodiesel: utilização direta e mistura, microemulsões, craqueamento térmico (pirólise) e transesterificação. Dos vários métodos disponíveis para a produção de biodiesel, a transesterificação de óleos e gorduras naturais foi o método de eleição. O objetivo do processo é diminuir a viscosidade do óleo ou da gordura. Embora a mistura de óleos e outros solventes e microemulsões de óleos vegetais diminua a viscosidade, continuam a existir problemas de desempenho do motor, como o depósito de carbono e a contaminação do óleo lubrificante. A pirólise produz mais bio-gasolina do que biodiesel. A transesterificação é basicamente uma reação sequencial. A razão molar de álcool para glicéridos geralmente aceite é de 6:1. Os catalisadores de base são mais eficazes do que os catalisadores ácidos e as enzimas. A quantidade recomendada de base a utilizar é entre 0,1 e 1% p/p de óleos e gorduras. Temperaturas de reação mais elevadas aceleram a reação e encurtam o tempo de reação. A reação foi lenta no início durante um curto período de tempo e prossegue rapidamente, abrandando depois novamente. As trans-esterificações catalisadas por bases terminam basicamente numa hora.

Ulf Schuchardta et al., (1998) analisaram a transesterificação de óleos vegetais com metanol, bem como as principais utilizações dos ésteres metílicos de ácidos gordos. Foram descritos os aspectos gerais deste processo e a aplicabilidade de diferentes tipos de catalisadores (ácidos, hidróxidos de metais alcalinos, alcóxidos e carbonatos, enzimas e bases não iónicas, tais como aminas, amidinas, guanidinas e triamino (imino) fosforanos). Foi dada especial atenção às guanidinas, que podem ser facilmente heterogeneizadas em polímeros orgânicos. No entanto, os catalisadores ancorados apresentam problemas de lixiviação. São propostas novas estratégias para obter catalisadores não lixiviantes contendo guanidinas. Finalmente, são descritos os catalisadores obtidos por transesterificação de óleos vegetais.

Tickell (1999) afirmou que o biodiesel pode ser utilizado sozinho ou misturado em qualquer quantidade com o gasóleo normal. Por este motivo, o biodiesel pode ser utilizado em qualquer motor ou infraestrutura diesel sem necessidade de modificação. Os motores funcionam normalmente com biodiesel porque o combustível tem propriedades semelhantes às do gasóleo normal. O biodiesel tem um índice de cetano elevado, o que melhora o desempenho do motor. O biodiesel é mais lubrificante do que o gasóleo normal e pode ser utilizado para substituir os agentes lubrificantes compostos de enxofre que, quando queimados, produzem dióxido de enxofre, que é a principal causa das chuvas ácidas, ao passo que o biodiesel não contém enxofre. **Graboski e McCormick (1998)** e **Lapuerta et al., (2008), EPA (2002)** também obtiveram os mesmos resultados.

Peterson et al., (2000) utilizaram uma carrinha com um motor diesel de injeção direta de 5,9 l com turbocompressor e intercooler para estudar o efeito sobre as emissões regulamentadas de éster etílico de coco, éster metílico de óleo de soja hidrogenado, éster etílico de colza, éster etílico de mostarda, éster etílico de cártamo e um éster metílico comercial de óleo de soja com um número de iodo entre 7,88 e 133. Estes ésteres de óleos vegetais foram testados puros, bem como a sua mistura de 20% com gasóleo. Verificou-se que um índice de iodo mais baixo estava correlacionado com a redução dos óxidos de azoto. Quando o índice de iodo aumentou de 7,88 para 129,5, o NOX aumentou 29,3 por cento. Os ácidos gordos com duas ligações duplas parecem ter mais efeito no aumento dos NOX do que os ácidos gordos com uma ligação dupla. As alterações nos monóxidos de carbono (CO), hidrocarbonetos (HC) e partículas (PM) não foram linearmente correlacionadas com o índice de iodo.

Mustafa Balat, Havva Balat (2001) descreveram que os problemas com a substituição de triglicéridos por combustíveis para motores diesel estavam principalmente associados às suas elevadas viscosidades, baixas volatilidades e carácter polinsaturado. A viscosidade dos óleos vegetais, quando utilizados como combustível para motores diesel, pode ser reduzida de, pelo menos, quatro formas diferentes: (1) diluição com hidrocarbonetos (mistura), (2) emulsificação, (3) pirólise (craqueamento térmico) e (4) transesterificação (alcoólise). A transesterificação foi o método mais comum e conduz a ésteres monoalquílicos de óleos e gorduras vegetais, atualmente designados por biodiesel quando utilizados como combustível. Os principais factores que afectam a transesterificação são a razão molar entre os glicéridos e o álcool, o catalisador, a temperatura e a pressão de reação, o tempo de reação e o teor de ácidos gordos livres e de água nos óleos. As razões molares de álcool para glicéridos geralmente aceites são 6:1-30:1. O biodiesel é um combustível de substituição do gasóleo de queima mais limpa, produzido a partir de fontes naturais e renováveis, como óleos vegetais novos e usados e gorduras animais. Tal como o gasóleo de petróleo, o biodiesel funciona em motores de ignição por compressão ou motores diesel. O biodiesel foi caracterizado através da determinação da sua densidade, viscosidade, elevado valor calorífico, índice de cetano, pontos de nuvem e de fluidez, caraterísticas de destilação e pontos de inflamação e combustão, de acordo com as normas ISO. A viscosidade é a propriedade mais importante do biodiesel, uma vez que afecta o funcionamento do equipamento de injeção de combustível, particularmente a baixas temperaturas, quando o aumento da viscosidade afecta a fluidez do combustível.

Gerhard Knothe et al. (2005), no seu livro, descreveram o conceito técnico de utilização de óleos vegetais ou gorduras animais ou mesmo de óleos usados como combustível diesel renovável. O biodiesel é a forma sob a qual estes óleos e gorduras estão a ser utilizados como combustível diesel puro ou em misturas com combustíveis diesel derivados do petróleo. O conceito em si pode parecer simples, mas essa aparência é enganadora, uma vez que a utilização do biodiesel está repleta de numerosas questões técnicas. Por conseguinte, muitos investigadores em todo o mundo lidaram com estas questões e, em muitos casos, conceberam soluções únicas. Este livro foi uma tentativa de resumir essas questões, de explicar como foram tratadas e de apresentar dados e informações técnicas. Inúmeros esforços legislativos e regulamentares em todo o mundo ajudaram a preparar o caminho para a aplicação generalizada do conceito. Este livro aborda também estas questões. Para completar o quadro, foram incluídos capítulos sobre a história dos combustíveis diesel à base de óleo vegetal, o conceito básico do motor diesel e o glicerol, um subproduto valioso da produção de biodiesel.

Gerhard Knothe (2005) referiu que as propriedades do combustível do biodiesel são fortemente influenciadas pelas propriedades dos ésteres gordos individuais no biodiesel. Ambas as moléculas, o ácido gordo e o álcool, podem ter uma influência considerável nas propriedades do combustível, como o índice de cetano em relação à combustão e às emissões de gases de escape, o fluxo a frio, a estabilidade oxidativa, a viscosidade e a lubricidade. Em geral, o índice de cetano, o calor de combustão, o ponto de fusão e a viscosidade dos compostos gordos puros aumentam com o aumento do comprimento da cadeia e diminuem com o aumento da insaturação. Por conseguinte, afigura-se razoável enriquecer (a) determinado(s) éster(es) gordo(s) com propriedades desejáveis no combustível, a fim de melhorar as propriedades de todo o combustível. Por exemplo, a partir dos dados disponíveis, parece que os ésteres isopropílicos têm melhores propriedades de combustível do que os ésteres metílicos. A principal desvantagem era o preço mais elevado do iso-propanol em comparação com o metanol, para além das modificações necessárias para a reação de transesterificação. É provável que observações semelhantes se apliquem à fração de ácido gordo.

X. Shi et al., (2005) referiram que os combustíveis oxigenados reduzem as emissões de partículas dos veículos e são reconhecidos como potenciais fontes de combustíveis renováveis. Segundo ele, a forma mais comum de biodiesel é feita a partir de metanol e óleos como ésteres metílicos. **Graboski e colaboradores** testaram ésteres metílicos primários na forma de mistura B100 e e concluíram que o biodiesel é mais lubrificante do que o gasóleo convencional. Além disso, as emissões de partículas foram muito reduzidas, mas as de NOX aumentaram ligeiramente. As emissões de partículas dependem em grande medida do teor de oxigénio. O tratamento catalítico é eficaz para controlar as emissões de NOX.

Prommes et al., (2006) afirmaram que têm sido feitos muitos esforços para reduzir a utilização de combustíveis petrolíferos para fins energéticos, de transporte e outros. O biodiesel é muito melhor do que o gasóleo normal, uma vez que é renovável, produzido internamente e amigo do ambiente. Reduz as emissões de CO, PM e HC não queimados. O biodiesel não é apenas utilizado como alternativa ao gasóleo, mas também como aditivo para o diesohol - uma mistura de etanol com gasóleo normal.

Deepak Aggarwal et al., (2006) efectuaram uma investigação sobre motores alimentados a biodiesel. Produziu menos CO, HC não queimados e reduziu as emissões de partículas em comparação com o gasóleo mineral, mas produziu emissões de NOX mais elevadas. Verificou que a recirculação dos gases de escape (EGR) é eficaz para reduzir as emissões de NOX dos motores diesel porque reduz a temperatura da chama e o teor de oxigénio na câmara de combustão. No entanto, resulta em emissões mais elevadas de partículas. Assim, o inconveniente de emissões mais elevadas de NOX durante a utilização de biodiesel pode ser ultrapassado através da utilização da EGR. O seu objetivo era investigar a utilização simultânea de biodiesel e EGR para reduzir as emissões de todos os poluentes regulamentados dos motores diesel. Utilizou um motor diesel DI de 2 cilindros, arrefecido a ar, de velocidade constante e mediu várias emissões. Calculou os parâmetros de desempenho do motor e verificou que a aplicação de EGR com misturas de biodiesel resultou na redução das emissões de NOX sem qualquer penalização significativa nas emissões de PM ou BSEC.

Hu Chen et al., (2008) adicionaram ésteres metílicos vegetais ao combustível etanol-diesel para evitar a separação do etanol do gasóleo. O autor investigou o desempenho do motor e as caraterísticas das emissões das misturas de combustível num motor diesel e comparou-as com o gasóleo tradicional. Os resultados mostraram que o binário do motor diminuía 6-7% por cada 10% (em volume) de etanol adicionado ao combustível diesel sem modificação do motor. O BSFC aumentou com a adição de oxigénio do etanol, mas o EBSFC dos combustíveis oxigenados manteve-se ao mesmo nível que o do gasóleo. As emissões de fumo e de partículas diminuíram significativamente, embora a redução do fumo tenha sido mais considerável do que a das partículas. Os componentes PM foram afectados pelos combustíveis oxigenados. Quando se utilizaram combustíveis misturados, as emissões de NOX foram quase as mesmas ou ligeiramente superiores às emissões de NOX quando se utilizou gasóleo. Ao abastecer o motor com gasóleo oxigenado, verificou-se um aumento das emissões de CO a cargas baixas e médias, mas uma redução das emissões de CO a cargas elevadas e a plena carga, em comparação com o gasóleo puro.

Purnanand Vishwanathrao Bhale et al., (2008) trabalharam sobre as propriedades do biodiesel a baixas temperaturas. Os combustíveis biodiesel derivados de gorduras ou óleos com quantidades significativas de compostos gordos saturados apresentarão pontos de turvação e pontos de fluidez mais elevados. As propriedades de fluxo a frio do biodiesel foram avaliadas com e sem depressores do ponto de fluidez, com o objetivo de identificar o bombeamento e a injeção deste biodiesel em motores de ignição por compressão em climas frios. Foi estudado o efeito do etanol, do querosene e do aditivo comercial no comportamento do fluxo a frio deste biodiesel. Verificou-se uma redução considerável do ponto de fluidez com a utilização destes melhoradores de fluidez a frio. Obteve-se uma redução considerável das emissões.

Chotuichien A et al., (2009) verificaram que os ésteres metílicos eram melhores do que os ésteres etílicos na melhoria da estabilidade da mistura. Assim, o metanol foi preferido como solvente. O butanol a 5% proporciona uma mistura estável e propriedades de combustível aceitáveis. Por isso, é considerado o aditivo mais adequado.

P. Pramanik, P. Das, P.J. Kim (2011) observaram que os óleos vegetais com um teor mais elevado de AGL são difíceis de processar diretamente através da catálise alcalina. Primeiro, catalisaram ácido (ácido sulfúrico metanólico) durante 4 horas para converter os AGL em ésteres metílicos e, em seguida, procederam à transesterificação com KOH metanólico. Prepararam um aditivo para biocombustível a partir de óleo de argemona tóxico e nocivo. Também compararam a eficiência do motor e os parâmetros de poluição com os do gasóleo tradicional e outros biodieseis.

M. Mathiyazhagan et al., (2011) investigaram os óleos não comestíveis como matérias-primas para a produção de biodiesel para reduzir o custo do biodiesel. Normalmente, seguia-se o método catalisado por álcali para o processo de produção de biodiesel. No entanto, os óleos não comestíveis têm um elevado teor de AGL, o que não é adequado para o processo normal de transesterificação. Por conseguinte, foi utilizado um método catalisado em duas fases para preparar o biodiesel. O elevado teor de AGL dos óleos não comestíveis foi eficientemente convertido em biodiesel. A figura 2.1 mostra o diagrama de fluxo da produção de biodiesel a partir de óleos não comestíveis.

S.K. Mahla, Arvind Birdi (2012) trabalharam com ésteres metílicos de linhaça e verificaram o desempenho e as caraterísticas de emissão de diferentes misturas em motores a gasóleo. Examinaram as propriedades, o desempenho e as emissões de B15, B20 e B30 e compararam-nos com o gasóleo. Os resultados indicaram que o B20 é uma mistura de combustível óptima em termos de melhor desempenho e de emissões reduzidas do que o gasóleo. No entanto, as misturas B15 e B30 revelaram eficiências razoáveis e menores emissões de fumos, CO e HC. O BTE do B20 foi superior ao do gasóleo em todas as condições de carga. As emissões de fumo, HC e CO do gasóleo a diferentes cargas foram superiores às das misturas de biodiesel B15, B20 e B30

Jilin Lei, Lizhong Shen et al., (2012) afirmaram que a necessidade de um novo motor de combustão interna está a aumentar à medida que a energia convencional diminui e as emissões rigorosas aumentam. Os motores devem ter baixas emissões, maior eficiência e potência específica do combustível. Provou que o etanol pode ser utilizado como solvente, mas a sua solubilidade no gasóleo e, por conseguinte, a estabilidade da mistura constituem um problema.

Abdullah Abuhabaya et al., (2013) utilizaram a técnica de metodologia de superfície de resposta (RSM) para otimizar a produção de ésteres metílicos a uma temperatura fixa. Desenvolveu um modelo de segunda ordem com sucesso para descrever as relações entre o rendimento do éster metílico e as variáveis de teste, incluindo a razão molar metanol/óleo, a concentração do catalisador, a temperatura de reação, a taxa de mistura e o tempo de reação. Encontrou condições optimizadas na razão molar metanol/óleo de 7,7:1, concentração de NaOH de 1% em peso, velocidade de mistura de 200 rpm e tempo de reação de 60 minutos, o que resultou num rendimento real de biodiesel de 95%. Variou estes rácios, mas tal não se revelou rentável. Tendo em conta os seus resultados, uma mistura de 20% de éster metílico poderia ser utilizada eficazmente como combustível alternativo adequado em motores de ignição por compressão.

2.3 Acerca do n-butanol

Rice et al., (1991) mediram os níveis de emissões de CO, NOx e combustível não queimado (UBF) para misturas de 20% em volume de metanol, etanol e butanol na gasolina num motor de ignição comandada de quatro cilindros, em várias condições de funcionamento. Verificou-se que os combustíveis misturados com álcool apresentavam emissões de CO inferiores às da gasolina pura, principalmente devido a um efeito de "inclinação" provocado pelos rácios estequiométricos ar-combustível mais baixos dos combustíveis devido à sua natureza parcialmente oxidada. Verificou-se também que o butanol e a gasolina apresentavam emissões de UBF semelhantes, enquanto o etanol e o metanol apresentavam valores mais elevados, especialmente na região magra. Por último, verificou-se que os níveis de NOx eram modestamente mais baixos para os combustíveis à base de álcool devido às suas densidades energéticas mais baixas, o que resultava em temperaturas de chama de pico mais baixas.

Alasfour (1997) realizou vários estudos sobre misturas iso-butanol-gasolina, centrados nas caraterísticas de rendimento do motor (consumo específico de combustível na travagem, temperatura dos gases de escape e eficiência térmica) e nos efeitos sobre a eficiência de primeira e segunda lei de um motor de ignição comandada. Foi examinada a influência do pré-aquecimento do ar de admissão e do tempo de ignição nas emissões de NOx e os efeitos da razão de equivalência, do tempo de ignição e da velocidade do motor nas emissões de hidrocarbonetos não queimados.

Yacoub et al., (1998) examinaram misturas de álcoois e gasolina com números de carbono C1 a C5 (metanol a n-pentanol) com base no teor de oxigénio do combustível. Os resultados indicaram que os combustíveis misturados com álcoois superiores (butanol e n-pentanol) apresentavam uma resistência à detonação inferior à da gasolina pura. Além disso, todas as misturas de álcoois apresentaram menores emissões de CO e UHC e as misturas com teores de oxigénio de 5% apresentaram maiores emissões de NOx devido às menores entalpias de vaporização e às temperaturas de chama mais elevadas dos combustíveis.

Gautam et al., (2000) investigaram as caraterísticas de combustão e de emissões de misturas mais elevadas de álcool e gasolina utilizando um motor CFR. Verificou-se que as emissões específicas dos travões eram inferiores para todas as misturas devido à maior resistência à detonação dos combustíveis, permitindo a utilização de taxas de compressão mais elevadas, e que a resistência à detonação era principalmente uma função do teor de oxigénio da mistura. Os dados relativos ao atraso da ignição e à pressão no cilindro mostraram que as misturas com maior teor de álcool/gasolina tinham velocidades de chama mais elevadas, o que também foi atribuído ao maior teor de oxigénio do combustível. Por último, verificou-se que o consumo específico de combustível na travagem era 15-19% inferior para as misturas de álcool/gasolina.

Wang Y N et al., (2008) trabalharam com butanol e afirmaram que as misturas de butanol têm um BTE (Brake Thermal Efficiency) mais elevado do que o diesel devido ao teor de O2 nos combustíveis de mistura. O B10 apresentou o BTE mais elevado, o que significa que a melhoria do BTE não ocorrerá com o aumento da adição de álcool. Existe um rácio ótimo de reagentes. A cargas mais elevadas, as emissões de

CO aumentaram e vice-versa. As emissões de NOX diminuíram ligeiramente. A redução do fumo a cargas mais elevadas foi significativamente reduzida.

Szwaja S, Naber JD (2009) indicaram que o n-butanol tem propriedades termofísicas semelhantes às da gasolina convencional. Pode substituir diretamente a gasolina como combustível puro ou em forma de mistura do ponto de vista da combustão e da densidade energética para motores de ignição comandada. Tem um teor de O2 mais elevado, o que reduz o atraso da ignição. A fuligem, os NOX e o CO diminuíram e o ISFC e os HC aumentaram ligeiramente. O subproduto glicerol produz uma quantidade significativa de butanol.

Dernotte et al., (2010) examinaram as caraterísticas das emissões de várias misturas de butanol e gasolina numa base volumétrica, utilizando um motor de ignição por faísca com injeção de combustível de porta , e concluíram que o B60 e o B80 produziam 18% e 47% mais emissões de UHC do que a gasolina pura, respetivamente. A B80 também apresentou uma diminuição notável das emissões de NOx em todas as relações de equivalência testadas, em resultado da deterioração da combustão evidenciada pelo aumento das emissões de UHC; o pico das emissões de NOx diminuiu 10%. Verificou-se também que o B80 foi o único combustível misturado com butanol que não produziu emissões de CO inferiores às da gasolina.

Szwaja e Naber (2010) testaram o n-butanol numa gama de tempos de ignição, taxas de compressão e cargas para examinar as suas caraterísticas de combustão através da análise das medições da pressão no cilindro e dos perfis da fração de massa queimada. Verificou-se que a duração da combustão em massa do n-butanol era semelhante à da gasolina e que a regulação da faísca devia ser retardada em relação à regulação do binário máximo de travagem (MBT) da gasolina. Além disso, verificou-se que o n-butanol e a gasolina se comportaram de forma semelhante em termos de batida de combustão devido à taxa de compressão e ao tempo de ignição. Concluiu-se que o n-butanol é adequado para utilização em motores de ignição por faísca, quer na forma de mistura quer como combustível puro, do ponto de vista da combustão e da densidade energética.

Zhang e Boehman (2010) investigaram a oxidação do n-butanol puro e de uma mistura de n-heptano e 1-butanol num motor a uma razão de equivalência de 0,25. As análises de libertação de calor mostraram que a oxidação do 1-butanol não produziu um comportamento notável de libertação de calor a baixa temperatura, ao passo que uma mistura de n-heptano/1-butanol apresentou um comportamento pronunciado de chama fria.

Oβwald et al., (2010) examinaram a química da chama dos isómeros do butanol e concluíram que os quatro isómeros apresentavam caraterísticas macroscópicas semelhantes, incluindo a temperatura, os perfis das principais espécies e as fracções molares de equilíbrio, embora o conjunto de espécies intermédias dependesse muito do combustível específico. Verificou-se também que o 2-butanol oferecia as maiores vantagens em termos de emissões potenciais da combustão do butanol, uma vez que apresentava fracções molares baixas de hidrocarbonetos e quantidades relativamente baixas de poluentes tóxicos oxigenados, embora se tenha notado que a sua utilização como futuro biocombustível é incerta, uma vez que ainda não foi estabelecida uma abordagem promissora para a sua produção.

Egolfopoulos et al., (2010-11) realizaram um estudo comparativo experimental e computacional em chamas pré-misturadas de butanol, etanol e metanol e os quatro isómeros de butanol. Verificou-se que as chamas de n-butanol/ar se propagavam mais rapidamente do que as chamas de sec-butanol/ar e de iso-butanol/ar, enquanto as chamas de tert-butanol/ar se propagavam mais lentamente do que as dos quatro isómeros, o que foi confirmado por **Gu et al. (2010)**, que examinaram as velocidades de combustão laminar e as instabilidades das chamas dos quatro isómeros de butanol.

Agathou et al., (2011) estudaram chamas não pré-misturadas de butanol, etanol e metano usando um queimador de contra-fluxo e mediram as principais espécies de combustão, perfis de temperatura e taxas de deformação de extinção, além de examinar os atrasos de ignição de butanol, etanol e n-heptano em um conjunto pistão-cilindro zerodimensional usando o modelo cinético de Dagaut.

Wigg et al. (2012) examinaram as emissões do n-butanol puro, do etanol e da gasolina e mostraram que a gasolina e o butanol eram os mais próximos em termos de desempenho do motor e que as emissões de UHC do n-butanol puro eram entre duas e três vezes superiores às da gasolina, com uma redução máxima das emissões de NOx de 17% na estequiometria. As emissões de CO foram semelhantes para o butanol e o etanol e foram inferiores às da gasolina.

2.4 RESUMO

De acordo com a investigação anterior, as abordagens da utilização de óleos vegetais como combustível para motores diesel incluem a utilização de óleo vegetal puro, óleo vegetal esterificado e misturas de óleos vegetais ou ésteres de óleos vegetais com combustível para motores diesel. Durante um curto período de tempo, um motor não modificado pode funcionar satisfatoriamente com óleos vegetais simples ou com as suas misturas com gasóleo, mas há uma diminuição da potência máxima e um aumento de cerca de 10% no consumo de combustível em relação ao gasóleo. No entanto, a utilização de óleos vegetais ou das suas misturas com gasóleo está associada a problemas a curto e a longo prazo. Os problemas a curto prazo incluem dificuldades de arranque a frio, entupimento e degomagem de filtros, linhas e injectores e motor

a bater. Embora estes problemas não sejam universais, foram registados em diferentes locais. Os potenciais problemas a longo prazo incluem a coqueificação dos bicos injectores, depósitos de carbono no pistão e na cabeça do cilindro, diluição do óleo lubrificante do cárter, desgaste excessivo dos anéis, pistões e cilindros e falha do óleo lubrificante do motor devido à oxidação e polimerização. Estes problemas estão relacionados com as propriedades básicas dos óleos vegetais, tais como gomas naturais, elevada viscosidade, composição ácida, teor de ácidos gordos livres e baixos índices de cetano.

Os materiais de goma presentes nos óleos podem acumular-se e entupir o filtro, os tubos e os injectores. Os óleos viscosos, quando injectados no cilindro, não se atomizam adequadamente e podem resultar na combustão incompleta do combustível, na acumulação de depósitos de carbono nos injectores, na cabeça do cilindro e no pistão. Parte deste combustível não queimado é expelido pelos anéis do pistão para o cárter, provocando a diluição do óleo lubrificante. A acumulação destes óleos no cárter, combinada com o calor e a pressão de funcionamento, pode provocar a solidificação do óleo lubrificante devido à oxidação e polimerização dos óleos vegetais, o que pode resultar numa falha completa do óleo lubrificante e arruinar o motor. Com base no que precede, os ésteres de óleo vegetal foram recomendados em vez de óleos vegetais puros. Uma vez que os ésteres são menos viscosos do que os óleos vegetais puros, observou-se um melhor desempenho do motor através de uma melhor atomização e combustão no cilindro quando se utilizaram óleos esterificados puros ou as suas misturas com gasóleo. A esterificação reduz a viscosidade e remove o glicerol do óleo. Assim, os problemas de arranque a frio, entupimento de filtros, linhas de combustível, deposição de carbono nos injectores, oxidação e polimerização do óleo lubrificante são menos associados, especialmente quando se utilizam misturas de combustível esterificado como combustível do motor. A utilização de combustíveis oxigenados conduziu à solução de alguns destes problemas.

Foi recomendado que, para obter a máxima formação de ésteres por transesterificação, fossem utilizados óleos vegetais puros ou óleos refinados com um teor de ácidos gordos livres inferior a 0,5% (valor de acidez inferior a 1%). Podem ser utilizados álcoois etílico e metílico e uma razão molar de álcool para óleo de 6:1

permite uma conversão óptima para o éster. O processo de transesterificação é rápido com um catalisador de base alcalina. Estes catalisadores devem ser armazenados em condições anidras e isentas de ar.

Além disso, as caraterísticas das emissões dos ésteres etílicos e metílicos de óleos vegetais foram consideradas essencialmente semelhantes às do combustível para motores diesel. Os estudos indicam uma redução das emissões de HC e CO nos óleos vegetais esterificados em comparação com o gasóleo. Os NOX e as partículas estão relacionados e tendem a variar inversamente entre si, diferindo do gasóleo em quase 10 a 15 por cento. Tendo em conta o que precede, a utilização de óleos vegetais esterificados isoladamente ou as suas misturas com gasóleo parecem ser combustíveis alternativos promissores para o futuro.

2.5 LACUNA NA LITERATURA

Foram efectuados muitos trabalhos sobre a transesterificação de óleos comestíveis. A extração do biodiesel através da transesterificação de óleos não comestíveis tem sido objeto de um número limitado de trabalhos. Na Índia, o elevado custo dos óleos alimentares impede a sua utilização na preparação de biodiesel. Mas os óleos não comestíveis são acessíveis para a produção de biodiesel. O custo associado ao biodiesel é reduzido devido ao baixo custo dos óleos não comestíveis. Todos os anos são desperdiçadas toneladas de óleos alimentares usados. Podem ser utilizados para fins úteis, o que pode resolver o problema da eliminação do óleo e aumentar, até certo ponto, a procura de energia. A sensibilização para o biodiesel é menor na Índia, pelo que é necessário aumentá-la em grande escala. A adição de combustível oxigenado aumenta a estabilidade das misturas. Também é necessária mais investigação sobre este aspeto. Assim, devido ao desconhecimento dos benefícios deste óleo não utilizado para a extração de biodiesel, foi realizado um número limitado de trabalhos de investigação sobre a sua utilização em motores diesel. O complexo mecanismo de regulação da síntese de butanol ainda precisa de ser mais estudado. Para o melhoramento das estirpes, por exemplo, a construção de melhores estirpes tolerantes ao butanol, é necessário criar hospedeiros e métodos genéticos mais adequados. Além disso, é necessário desenvolver técnicas mais eficientes para remover os inibidores do hidrolisado lignocelulósico. Além disso, do ponto de vista económico, é importante desenvolver o sistema integrado de hidrólise, fermentação e processo de recuperação para reduzir o custo operacional da síntese de butanol.

CAPÍTULO 3

MATERIAIS E MÉTODOS

3.1 Produção de biodiesel

Foram investigados quatro métodos para reduzir a elevada viscosidade dos óleos vegetais para permitir a sua utilização em motores diesel comuns sem problemas operacionais, tais como depósitos no motor (Harold S. 1997):

- mistura com petrodiesel (Diluição)
- pirólise
- microemulsificação (mistura de co-solventes)
- transesterificação

Pirólise

A pirólise é a conversão de uma substância noutra por meio de calor ou por meio de calor com a ajuda de um catalisador. Envolve o aquecimento na ausência de ar ou oxigénio e a clivagem de ligações químicas para produzir pequenas moléculas As fracções líquidas do óleo vegetal termicamente decomposto são susceptíveis de se aproximar dos combustíveis diesel. Os pirolisados têm viscosidade, ponto de inflamação e ponto de fluidez inferiores aos do gasóleo e valores caloríficos equivalentes. O número de cetano do pirolisado é inferior. Os óleos vegetais pirolisados contêm quantidades aceitáveis de enxofre, água e sedimentos e dão valores aceitáveis de corrosão do cobre, mas inaceitáveis de cinzas, resíduos de carbono e ponto de fluidez.

Micro-emulsificação

A formação de microemulsões (co-solvência) é uma das soluções potenciais para resolver o problema da viscosidade dos óleos vegetais. Uma microemulsão é definida como uma dispersão em equilíbrio coloidal de microestruturas fluidas opticamente isotrópicas com dimensões geralmente na gama de 1±150 nm, formada espontaneamente a partir de dois líquidos normalmente imiscíveis e um ou mais anfifílicos iónicos ou não iónicos. Uma microemulsão pode ser feita de óleos vegetais com um éster e um dispersante (co-solvente), ou de óleos vegetais, um álcool e um tensioativo e um melhorador de cetano, com ou sem combustíveis diesel. A água (proveniente de etanol aquoso) pode também estar presente a fim de utilizar etanol de menor teor, aumentando assim a tolerância das microemulsões à água.

Diluição

A diluição dos óleos vegetais pode ser efectuada com materiais como o gasóleo, o solvente ou o etanol.

Trans-esterificação

Apenas a reação de transesterificação conduz aos produtos vulgarmente conhecidos como biodiesel, ou seja, ésteres alquílicos de óleos e gorduras. Os di- e monoacilgliceróis são formados como intermediários na reação de transesterificação.

$$\begin{matrix} CH_2\text{-}O\text{-}C(=O)\text{-}R \\ CH\text{-}O\text{-}C(=O)\text{-}R \\ CH_2\text{-}O\text{-}C(=O)\text{-}R \end{matrix} + 3\ R'OH \xrightarrow{\text{Catalyst}} 3\ R'\text{-}O\text{-}C(=O)\text{-}R + \begin{matrix} CH_2\text{-}OH \\ CH\text{-}OH \\ CH_2\text{-}OH \end{matrix}$$

Triacylglycerol (Vegetable oil) | Alcohol | Alkyl ester (Biodiesel) | Glycerol

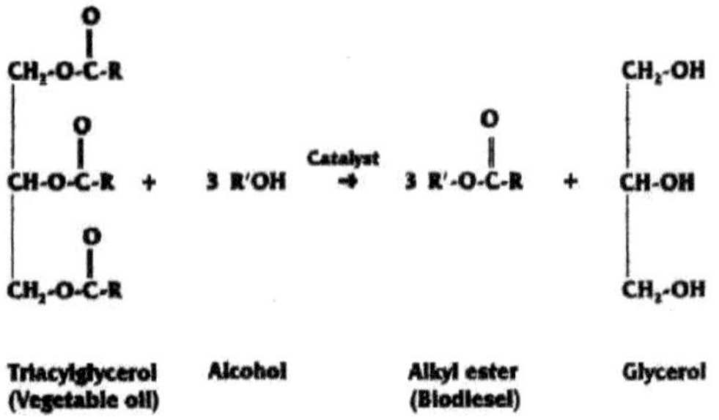

Figura 3.1: A reação de transesterificação. R é uma mistura de várias cadeias de ácidos gordos. O álcool utilizado na produção de biodiesel é geralmente o metanol (R'= CH3).

No entanto, na catálise homogénea, a catálise alcalina (NaOH/KOH ou os alcóxidos correspondentes) é um processo muito mais rápido do que a catálise ácida. Para além do tipo de catalisador (alcalino vs. ácido), os parâmetros de reação da transesterificação catalisada por base incluem a razão molar entre o álcool e o óleo vegetal, a temperatura, o tempo de reação, o grau de refinamento do óleo vegetal e o efeito da presença de humidade e de AGL. Para que a transesterificação tenha um rendimento máximo, o álcool deve estar isento de humidade e o teor de AGL do óleo deve ser inferior a 0,5%. A ausência de humidade na reação de transesterificação é importante porque, de acordo com a equação de transesterificação, pode ocorrer a hidrólise dos ésteres alquílicos formados em AGL. Da mesma forma, como os triacilgliceróis também são ésteres, a reação dos triacilgliceróis com a água pode formar AGL. A 32°C, a transesterificação foi 99% completa em 4 h quando se utilizou um catalisador alcalino (NaOH ou NaOMe).

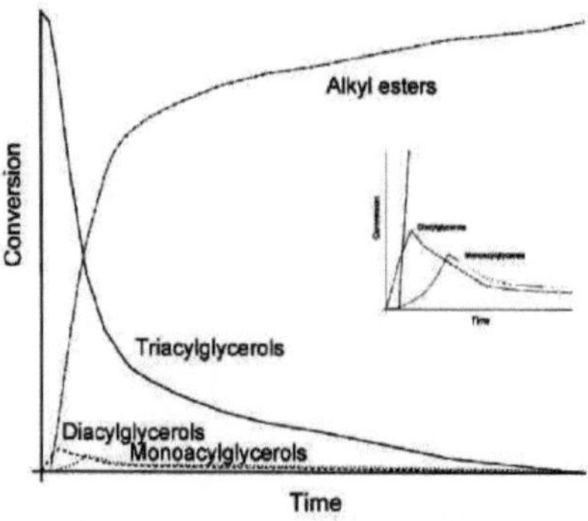

Figura 3.2: Representa qualitativamente a conversão vs. tempo de reação para uma reação de transesterificação tendo em conta os di- e monoacilgliceróis intermediários.

3.1.1 Titulação

A titulação é necessária para determinar primeiro a melhor via para a produção de biodiesel, quer se utilize a abordagem convencional catalisada por álcali, a abordagem catalisada por ácido ou o pré-tratamento ácido seguido da abordagem alcalina.

1. Se a titulação revelar um excesso de concentração de ácidos gordos livres igual ou superior a 15%, segue-se a abordagem catalisada por ácido, por exemplo, gorduras castanhas.
2. Se se situar entre 5 e 15 %, opta-se por um tratamento ácido seguido de uma abordagem alcalina, por exemplo, massas lubrificantes amarelas.
3. Se for inferior a 5%, segue-se o tratamento alcalino, por exemplo, óleos vegetais.

Trata-se de uma abordagem económica, uma vez que o custo do tratamento ácido é proibido.

No entanto, a concentração de AGL superior a 1% conduzirá à formação de sabão, tornando a lavagem a jusante mais difícil. A formação de sabão ocorre mais rapidamente do que a formação de biodiesel, pelo que é necessário um excesso de catalisador. A glicerólise intermitente que utiliza glicerol para converter AGL em MAG, normalmente a temperaturas elevadas, é frequentemente utilizada para remover os ácidos gordos livres antes da transesterificação.

A titulação determina a quantidade de catalisador em excesso necessária na reação. A concentração típica de catalisador para obter uma transesterificação eficiente é de cerca de 1% em peso e qualquer excesso de catalisador é adicionado para além de 1% com base nos valores de titulação.

1. Medir 10 ml de etanol num tubo de ensaio.
2. Medir 1 ml de óleo e misturar com etanol.
3. Adicionar cerca de 0,5 ml de solução de fenolftaleína.
4. Titular a solução de óleo e etanol com uma solução de KOH 1 g/l em água destilada, utilizando uma bureta, até que a cor comece a ficar cor-de-rosa, após mistura adequada.
5. Estimar a quantidade de KOH necessária para a transesterificação utilizando a fórmula

$$Y = 9 + x$$

Onde y= gramas de catalisador KOH (geralmente 9-15 g) para usar em 1 L de óleo (900 g)

X= mililitros de KOH utilizados na titulação.

Após a titulação, segue-se uma abordagem.

1. 9 a 15 g de catalisador necessário - tratamento alcalino

2. Mais de 15 g de catalisador - tratamento ácido.

Peso equivalente ao volume

Tabela 3.1: Composição em ácidos gordos (% em peso)

Myristic (C14:0)	.9
Palmitic (C16:0)	20.4
Palmitoleic (C18:1)	4.6
Stearic (C18:0)	4.8
Oleic (C18:0)	52.9
Linoleic (C18:2)	13.5
Linolenic (C18:3)	.8
Arachidic (C20:0)	.12
Eicosenic (C20:1)	.84
Behenic (C22:0)	.03
Erucic (C22:1)	.07
Tetracosanic (C24:0)	.04
Mean molecular weight (g/mol)	856

Esta composição de ácidos gordos é utilizada para determinar a quantidade de álcool necessária para neutralizar a amostra de óleo.

1. O peso molecular médio é determinado pela adição do produto de wt% com os respectivos pesos de ácidos gordos.
2. Em seguida, o peso molecular total é calculado pela equação

$$\text{Molwt} = (\text{avgmolwt} \times 3) + (\text{wt de glicerol}) - (\text{wtof3H2O})$$

3. O peso total é calculado multiplicando a densidade da amostra e o volume total.
4. Agora, o peso equivalente ao volume pode ser calculado pelo método unitário.
5. Além disso, a razão molecular entre o álcool e o óleo pode ser determinada

com base nas informações acima referidas.

3.1.2 Reação de transesterificação

Foi realizada uma reação de transesterificação catalisada por álcali de óleo alimentar usado. Os seus pormenores são os seguintes

Materiais necessários

Frasco cónico, proveta graduada, folha de alumínio, KOH metanólico, termómetro, óleo alimentar usado, funil de separação, água destilada, placa de aquecimento com agitador

Procedimento

O biodiesel foi produzido utilizando uma proporção de 6:1 de metanol: óleo e 1% em peso de KOH.

1. Deitam-se 250 ml de amostra de óleo num erlenmeyer de 500 ml e aquece-se durante 15-20 minutos para baixar a viscosidade.
2. O metanol e o KOH foram misturados num copo por aquecimento ou agitação com um agitador magnético durante 5 minutos.
3. Foi adicionada uma solução de metanol e KOH ao óleo alimentar usado pré-aquecido.
4. A solução foi mantida num agitador magnético a 55°C a uma velocidade de rotação definida durante cerca de 2 horas.
5. Após 120 minutos, o copo foi retirado e vertido para uma ampola de decantação. O copo foi mantido sem perturbações durante a noite.
6. Na ampola de decantação, procedeu-se à separação dos agentes gomosos e dos resíduos, formando assim duas camadas distintas.
7. A camada inferior continha os detritos juntamente com agentes gomosos e a

camada superior continha biodiesel sem agentes gomosos.

8. O excesso de sabão foi removido por lavagem 7-8 vezes com água quente na ampola de decantação.
9. O óleo foi novamente aquecido para remover a água presente.

Durante a agitação, o frasco cónico foi coberto com folha de alumínio e não foi adicionada água para evitar a saponificação.

Produção de biodiesel:

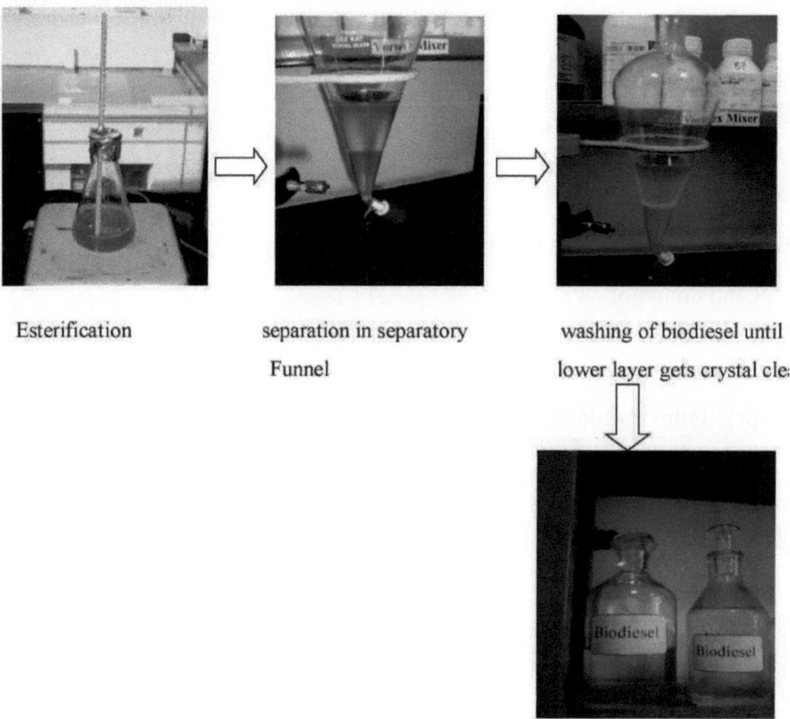

Figura 3.3: Produção de biodiesel a partir de óleos alimentares usados

3.1.3 Formação da mistura

O biodiesel fabricado foi misturado com gasóleo em diferentes proporções e foram preparadas misturas para a realização de ensaios físicos e de motores.

Mistura de biodiesel e gasóleo

Foram feitas 3 misturas de biodiesel de óleo alimentar usado e gasóleo.

i. B20 ou seja, 20% de biodiesel foi misturado com 80% de gasóleo.

ii. B40 ou seja, 40% de biodiesel foi misturado com 60% de gasóleo.

iii. B60 ou seja, 60% de de biodiesel foi misturado com 40% de gasóleo.

Mistura de biodiesel-diesel-n-butanol

2 misturas foram feitas através da mistura de biodiesel de óleo alimentar usado, gasóleo e n-butanol.

i. B10, ou seja, 10% de biodiesel, 10% de n-butanol e 80% de gasóleo.

ii. B20, ou seja, 20% de biodiesel, 20% de n-butanol e 60% de gasóleo.

As misturas acima referidas foram então testadas quanto às propriedades físicas e ao desempenho do motor.

3.2 Propriedades do biodiesel

Foram verificadas várias propriedades físicas do biodiesel e algumas foram testadas no laboratório do Instituto MERADO de Ludhiana.

- Densidade
- Viscosidade
- Poder calorífico
- Ponto de inflamação
- Ponto de inflamação
- Ponto de nuvem
- Ponto de fluidez

3.2.1 Densidade

A densidade pode ser definida como a massa de um objeto dividida pelo seu volume. A densidade foi verificada no próprio laboratório ambiental de Thapar.

Procedimento

1. Pesar o copo vazio de 50 ml.
2. Encher o recipiente com 50 ml de água destilada e pesar de novo.
3. Esvaziá-lo e voltar a enchê-lo com 50 ml de biodiesel e voltar a pesar.

$$\text{Density} = \frac{\text{Weight of biodiesel} - \text{weight of empty beaker}}{\text{Weight of distilled water} - \text{weight of empty beaker}}$$

A densidade relativa dos combustíveis selecionados, como mencionado acima, a 150C foi determinada de acordo com a **IS: 1448 [P: 32]: 1992**. Foi também utilizado um termómetro de mercúrio de 0 - 1000C para medir a temperatura dos combustíveis mantidos dentro da câmara de controlo da temperatura.

Os pesos dos picnómetros vazios foram subtraídos dos pesos dos cheios para obter o peso das amostras de combustível. Para cada amostra, foram recolhidas três réplicas e calculada a respectiva média. Este valor, quando dividido pelo volume da amostra de combustível, dá a densidade da amostra de combustível. Foi também determinada a densidade da água destilada a 150C.

3.2.2 Viscosidade cinemática

A viscosidade de um líquido é uma medida da fricção interna do líquido em movimento. Desempenha um papel importante no desempenho do sistema de combustível de um motor que funciona numa vasta gama de temperaturas. A viscosidade cinemática afecta o sistema de injeção. Uma viscosidade baixa pode resultar num desgaste excessivo das bombas de injeção e na perda de potência devido a fugas na bomba, ao passo que uma viscosidade elevada pode resultar numa resistência excessiva da bomba, no bloqueio do filtro, em pressão elevada e numa atomização grosseira que afecta a atomização e as taxas de fornecimento de combustível.

Para medir a viscosidade cinemática das amostras de combustível selecionadas, foi utilizado um viscosímetro Redwood n.o 1 da marca Widson. O instrumento mede o tempo de escoamento por gravidade, em segundos, de um volume fixo

do fluido (50 ml) através de um orifício específico feito numa peça de ágata, de acordo com a norma **IS: 1448 [P : 25] 1976**. O aparelho pode ser utilizado para tempos de fluxo entre 30 e 2000 segundos.

Figura 3.4: Viscosímetro

Procedimento

1. Aquecer o banho do viscosímetro a alguns graus acima da temperatura de ensaio desejada. Verter a amostra preparada no copo de óleo através de um filtro de calibre metálico não mais grosseiro do que a malha BS 100 (152 μ). Ajustar a temperatura do banho até que a amostra no copo seja mantida à temperatura de ensaio, agitando o conteúdo do banho e do copo durante este procedimento, de preferência utilizando agitação contínua para o banho. Agitar a amostra durante o período preliminar, por exemplo, através do valor da esfera, fechando o fundo do jato por meios adequados, mas não agitar a amostra durante a determinação

propriamente dita. Quando a temperatura da amostra tiver atingido o valor desejado, ajustar o nível do líquido, deixando a amostra escorrer até que a superfície da amostra toque o ponto de enchimento. Colocar o copo de óleo e a ranhura curva no voccr. Colocar o suporte limpo e seco a 50 milímetros do fundo do jato. Não isolar o frasco de forma alguma. A amostra atinge a marca de graduação do frasco e anota-se a leitura final do termómetro do copo.

2. Rejeitar qualquer determinação em que a temperatura da amostra no copo de óleo varie durante o ensaio mais de . 1°C para temperaturas iguais ou inferiores a 60°C, mais de .3°C ou mais de 8,5°C a 121°C.

A viscosidade cinemática em centistokes foi então calculada a partir das unidades de tempo, utilizando as relações dadas por **Guthrie (1960)**:

$$V = .26t - \frac{179}{t} \qquad \text{when } 34 < t < 100$$

$$V = .24t - \frac{50}{t} \qquad \text{when } t > 100$$

V = viscosidade cinemática em centistokes t = tempo de escoamento de 50 ml de amostra

3.2.3 Poder calorífico

O calor de combustão ou o poder calorífico de um combustível é uma medida importante, uma vez que é o calor produzido pelo combustível dentro do motor que permite ao motor efetuar o trabalho útil. O calor bruto de combustão das amostras de combustível foi determinado de acordo com a norma IS: 1448 [P:6] : 1984 com a ajuda de um Calorímetro Isotérmico de Bomba da Widson Scientific Works.

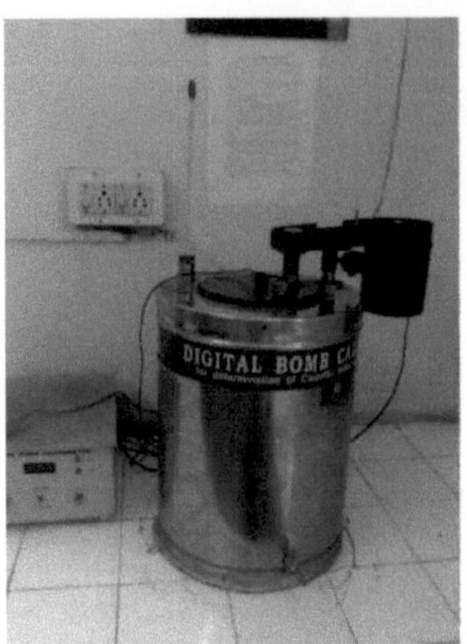

Figura 3.5: Calorímetro de bomba

Procedimento

1. Pesar com exatidão no cadinho da amostra cerca de 1 g de material seco ao ar moído para passar pelo peneiro IS 20 (2110 microns).
2. Esticar um pedaço do fio de queima através dos eléctrodos dentro do Bomb Tie 15 cm, comprimento do algodão de costura à volta do fio, colocar o cadinho em posição e arrumar as pontas soltas do fio em cada determinação.
3. Introduzir no corpo da bomba dois mililitros de água destilada.
4. Voltar a montar a bomba, os parafusos têm os dedos, apertando finalmente se necessário, evitando uma pressão excessiva.
5. Carregar a bomba tão lentamente quanto possível com oxigénio de um cilindro até uma pressão de 25 atmosferas, sem deslocar o seu conteúdo original.
6. Fechar eficazmente a válvula, utilizando a menor pressão possível, e separar a bomba do fornecimento de oxigénio.
7. Pesar no recipiente do calorímetro uma quantidade de água suficiente para submergir a tampa da bomba até uma profundidade de pelo menos dois centímetros, deixando os terminais salientes.
8. Utilizar o mesmo peso de água em todos os ensaios.
9. Transferir a cuba do calorímetro para a camisa de água; baixar cuidadosamente

a bomba para dentro da cuba do calorímetro e fazer passar o circuito através de um interrutor para o posterior disparo da carga.

10. Ajustar o agitador, colocar o termómetro e as tampas em posição e pôr em funcionamento o mecanismo de agitação, que deve ser mantido em funcionamento contínuo a uma velocidade constante durante a experiência.
11. Após um intervalo não inferior a dez leituras durante cinco minutos, a intervalos iguais não superiores a um minuto, batendo ligeiramente no termómetro durante 10 segundos antes de cada leitura. Se, durante um período de 5 minutos, o desvio médio dos valores individuais da taxa de variação da temperatura for inferior a 0,00172°C por minuto, fecha-se momentaneamente o circuito para disparar a carga e continua a observação da temperatura a intervalos de duração semelhante aos do período preliminar.
12. Se a taxa de variação da temperatura não for constante dentro deste limite, prolongar o período preliminar até que seja constante.
13. No período principal, que se estende desde o instante da queima até ao momento em que as taxas de variação das temperaturas se tornam novamente constantes, efetuar as leituras anteriores até 0,001°C.
14. Determine a taxa de variação da temperatura no período posterior (que se segue ao período principal) efectuando leituras de 1 em 1 minuto.
15. Retirar a bomba do calorímetro e, decorrida meia hora após o disparo, deixar assentar a névoa ácida e libertar a pressão abrindo a válvula. Verificar se a combustão foi completada pela ausência de qualquer depósito de fuligem na bomba. A presença de qualquer vestígio de depósito de fuligem indica uma combustão incompleta e invalida o ensaio.
16. Lavar o conteúdo da bomba com água destilada quente para um copo de vidro duro, lavando a bomba e tapando o cadinho.
17. Adicionar um excesso medido, digamos 25 ml, de solução de carbonato de sódio 0,1 N e ferver até 10 ml para converter quaisquer sulfatos ou nitratos metálicos

em carbonato ou hidróxido menos solúvel. O consumo de carbonato alcalino é equivalente aos sulfatos ou nitratos juntamente com os ácidos sulfúrico ou nítrico livres.

18. Filtrar, lavar e completar o volume até 100 ml.
19. Para determinar o teor de enxofre, tomar uma porção de 50 ml desta solução e seguir o método.
20. Determinar a acidez total titulando uma porção de 50 ml com HCl 0,1N utilizando o alaranjado de metilo como indicador, representando o título o excesso de álcali em metade da quantidade de solução de carbonato de sódio adicionada às lavagens.

O calor de combustão das amostras de combustível foi calculado utilizando a equação seguinte:

$$Hc = \frac{Wc \times \Delta T}{Ms}$$

Onde,

Hc = Calor de combustão da amostra de combustível, Cal / g

Wc = Equivalente em água do calorímetro, Cal / °C

Δ T = Aumento da temperatura, ^{0}C

Ms = Massa da amostra queimada, g

3.2.4 Ponto de inflamação e de fogo

O ponto de inflamação mede a tendência de um combustível para formar uma mistura inflamável com o ar em condições laboratoriais controladas. Esta é a propriedade que deve ser considerada na avaliação da inflamabilidade global e do perigo do material. O ponto de inflamação pode indicar a possível presença de material altamente volátil e inflamável num material relativamente não volátil. É definido como a temperatura mais baixa à qual o combustível liberta vapores suficientes e se inflama por um momento. O ponto de inflamação é uma extensão do ponto de inflamação, na medida em que reflecte a condição em que o vapor arde continuamente durante cinco segundos.

O ponto de inflamação é sempre superior ao ponto de inflamação em 5 a 8°C.

Procedimento

1. Encher a amostra de combustível no copo de ensaio até ao nível especificado e aquecer o ar com a ajuda de um aquecedor.
2. Agitar a amostra de combustível a um ritmo lento e constante.
3. Aquecer a amostra de modo a que a taxa de temperatura seja de aproximadamente 5°C por minuto.
4. Medir a temperatura com a ajuda de um termómetro de mercúrio com uma amplitude de -10 a 4000°C.
5. A cada 1°C de temperatura, introduzir a chama durante um momento com a ajuda de um obturador.
6. Registar a temperatura a que aparece um clarão sob a forma de som e luz como o ponto de inflamação.
7. Registar a temperatura a que o vapor de combustível se incendeia e permanece durante um mínimo de 5 segundos como ponto de inflamação.

3.2.5 Nuvem e ponto de fluidez

O ponto de turvação e o ponto de fluidez são a medida que indica que o combustível é suficientemente fluido para ser bombeado ou transferido. Por conseguinte, tem importância para os motores que funcionam em climas frios. O ponto de turvação é definido como a temperatura a que aparece uma nuvem ou uma névoa de cristais de cera no fundo de um frasco de ensaio quando arrefecido nas condições prescritas. O ponto de escoamento é definido como a temperatura à qual o combustível deixa de fluir. Ambas as propriedades podem indicar a tendência para o entupimento do filtro e problemas de fluxo na linha de combustível.

Procedimento

1. Encher o tubo de vidro do aparelho, com 12 cm de altura e 3 cm de diâmetro,

fechado numa camisa de ar, com uma mistura gelada de gelo picado e cristais de NaCl.

2. Retirar da camisa o tubo de vidro que contém a amostra de combustível em intervalos de 1°C, à medida que a temperatura desce.
3. Inspecionar a formação de nuvens.
4. Considerar o ponto em que a névoa será vista pela primeira vez como ponto de nuvem.
5. Seguir o mesmo procedimento para a determinação do ponto de fluidez.
6. Pré-aquecer a amostra a 48°C e depois arrefecer ao ar até 35°C.
7. Encher o tubo de vidro com a amostra.
8. Colocar a amostra arrefecida no aparelho e retirá-la do banho de arrefecimento com um intervalo de 1°C para verificar a sua capacidade de escoamento.
9. Considere a temperatura 1°C acima da temperatura a que não se observou qualquer movimento do combustível durante cinco segundos ao inclinar o tubo para uma posição horizontal.
10. Efetuar três repetições.

3.2.6 Valor de acidez

Os ácidos gordos livres presentes num óleo vegetal ou nos seus ésteres podem ser corrosivos para algumas peças do motor. A temperaturas elevadas, os ácidos gordos livres podem reagir com muitos metais produzindo sais metálicos de ácidos gordos, aumentando assim o desgaste. O valor de acidez é, portanto, uma caraterística importante a ser medida. O valor de acidez é medido em termos de acidez total, que é definida como uma medida da acidez orgânica e inorgânica combinadas. A acidez inorgânica é uma medida dos ácidos minerais presentes, enquanto a acidez orgânica é obtida deduzindo a acidez inorgânica da acidez total. O valor da acidez total de diferentes amostras de combustível foi medido de acordo com a **norma ASTM D974-IP 1/64** do Institute of Petroleum, Londres. O procedimento descrito abaixo foi seguido para determinar a acidez total de vários combustíveis selecionados para o estudo:

> Preparar um padrão de reagente de hidróxido de potássio da seguinte forma:

1. Dissolver 1,5 g de nitrato de prata em 3 ml de água e adicionar 1 litro de álcool a 95%.
2. Dissolver 3 g de hidróxido de potássio em 10 - 15 ml de álcool quente e adicionar à solução alcoólica de nitrato de prata, agitando ligeiramente.
3. Deixar repousar a mistura durante uma semana.
4. Em seguida, destilar a solução límpida sobrenadante do álcool num banho de vapor para recuperar o reagente.
5. Dissolver agora 6 g de hidróxido de potássio sólido em 1 litro de álcool purificado reagente como proposto acima.
6. Deixar a solução repousar num local escuro durante 24 horas e calcular a normalidade.

> Analisar a acidez total de uma amostra de combustível da seguinte forma:

1. Pesar 10 ml de amostra para um erlenmeyer de 250 ml.
2. Num outro balão, adicionar 1 ml de solução de fenolftaleína a 50 ml de álcool, aquecer a 50°C e neutralizar com o reagente hidróxido de potássio, como proposto acima.
3. Adicionar álcool neutralizado e solução de fenolftaleína à amostra de combustível.
4. Aquecer a mistura até ao ponto de ebulição num banho de água durante 5 minutos.
5. Adicionar 1 ml de fenolftaleína à mistura e arrefecer a 40 -50°C.
6. Titular o mais rapidamente possível a amostra com o reagente de hidróxido de potássio.

A acidez total de uma amostra de combustível foi então calculada utilizando a equação a seguir indicada:

$$At = \frac{[56.1 \times N \times V]}{W}$$

Onde,

At = acidez total, mg de KOH/g

V = volume da solução de hidróxido de potássio, ml

N = normalidade da solução de hidróxido de potássio

W = peso da amostra, g

3.2.7 TLC

O TLC é um método muito comum para tentar determinar quantos compostos diferentes estão presentes numa amostra (frequentemente utilizado em química orgânica e biologia). Este teste fornece informação qualitativa sobre quantos compostos diferentes estão presentes numa mistura. Permite também determinar se duas amostras diferentes contêm materiais diferentes. Para esta técnica de análise, são colocadas quantidades muito pequenas das amostras nas placas especiais de TLC. A placa é colocada num recipiente com um solvente ou uma mistura de solventes. O solvente percorre a placa e separa os diferentes tipos de moléculas com base nas diferenças de polaridade e de tamanho.

Procedimento

1. Dissolver a sílica e o hexano de modo a ficarem no estado líquido. Colocar imediatamente uma lâmina de vidro na mistura e deixar a lâmina secar.
2. Colocar uma gota de amostra na extremidade inferior da lâmina de vidro.
3. Preparar um solvente de hexano e acetato de metilo na proporção de 9:1.
4. Colocar a lâmina no solvente com cuidado para que o solvente não toque no ponto inicialmente. Deixar a lâmina de molho no solvente.
5. Manter a lâmina na câmara de iodo durante alguns minutos e deixar secar.
6. Verificar a presença de ácidos gordos, óleo ou pontos de éster após algum tempo. A presença de pontos indica a presença do respetivo constituinte.

3.3 Especificação do motor

Descrevem-se os pormenores do motor e de outros componentes da instalação de ensaio utilizada juntamente com o procedimento geral. Foi efectuada a avaliação do desempenho de um motor de 3,73 kW com combustíveis selecionados. As especificações do motor são indicadas no quadro.

Tabela 3.2: Especificações do motor

Parameters	Details
Manufacturer	Kirloskar Oil Engines Limited India
Engine Type	Vertical, 4-stroke
Dynamometer	Eddy Current
Rated Engine Brake Power, kW	3.73
Rated Engine Speed, rpm	1500
Number of Cylinder	1
Bore, mm	80
Stroke, mm	110
Displacement Volume, cc	252.9
Compression Ratio	16.5:1
Cooling System	Air Cooled
Horse Power	6.5
Injection Pressure, kg/cm^2	200
Voltage, V	240
Current, Ampere	17.5

Figura 3.6: Configuração do motor ligado às cargas

Instalação experimental

Foi utilizada a instalação de ensaio do motor disponível no Centro de Controlo da Poluição, Kurali. A instalação inclui os seguintes equipamentos:

> Dinamómetro de correntes de Foucault EC-15 com controlador eletrónico .

> um motor de velocidade constante da marca Kirloskar, de 3,73 kW.

> uma unidade eletrónica de medição volumétrica do consumo de combustível da marca SAJ, modelo SFV-75 .

> um analisador de emissões para automóveis da marca Neptune, modelo HG-540.

> indicadores digitais de temperatura com termopares cromo-aluminais para medição.

> 5 cargas de 1000 kW cada uma ligadas ao motor.

3.4 Medição das emissões de gases de escape

Foram medidas as emissões de monóxido de carbono, hidrocarbonetos não queimados, óxido nítrico e dióxido de azoto por diferentes combustíveis a várias cargas.

Os parâmetros das emissões de escape foram analisados pelo analisador de gases de escape para automóveis HG-540. Os parâmetros das emissões de escape com os respectivos métodos de ensaio são apresentados no quadro:

Quadro 3.3: Método de ensaio dos parâmetros de emissão

S.NO.	Parameters	Test methods
1.	HC, CO, CO_2	NDIR (Non dispersive Infra red method)
2.	O_2, Smoke	Electronic Chemical Method

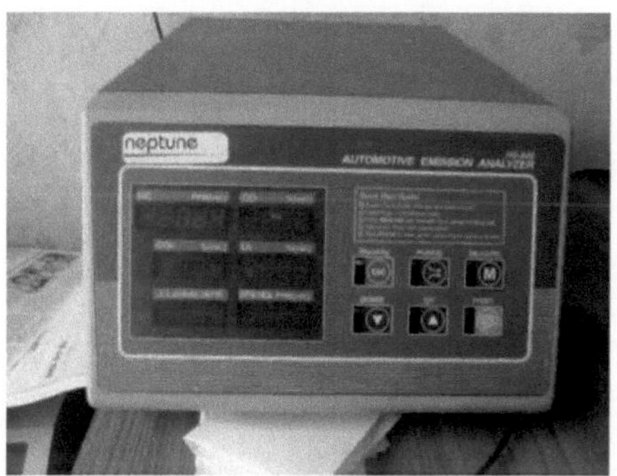

Figura 3.7: Analisador de emissões para automóveis Neptune HG-540

3.4.1 Procedimento experimental

1. Em condições especiais de carga, inserir os sensores na saída prevista para que os gases de escape saiam para o ambiente.
2. Os gases de escape passam através destes sensores para o respetivo analisador ligado ao mesmo.
3. Após a introdução no analisador, as leituras são apresentadas no ecrã digital.
4. Após 2-3 minutos, quando os valores estiverem estabilizados, são anotadas 3 leituras.
5. O valor médio das três leituras é avaliado.
6. Os sensores são retirados para que os valores nos analisadores se fixem novamente no valor zero.
7. Repetir o procedimento acima para diferentes condições de combustível e de carga, respetivamente.

CAPÍTULO 4

RESULTADOS E DISCUSSÃO

4.1 Amostragem

A amostra de óleo alimentar usado (OAU) foi recolhida da messe do I Hostel, Universidade Thapar de Patiala. Foi processada e convertida em biodiesel. Em seguida, foi examinada e as suas propriedades foram testadas. A densidade foi testada no Thapar Lab e outras propriedades físicas foram testadas no Merado Institute Ludhiana. Estas são as indicadas no quadro.

4.2 Propriedades do gasóleo, do biodiesel OMA e do n-butanol de acordo com as normas ASTM.

Tabela 4.1: Propriedades

Property	ASTM std	Diesel	Biodiesel (B100)	n-Butanol
Density (kg/m^3)	---	835	868	810
Kinematic Viscosity (cSt)	1.9-6	2.72	4.38	3.64
Flash Point (°C)	>130	78	155	29
Fire Point (°C)	>53	83	160	
Cloud Point (°C)	-3 to 12	<10	1	
Pour Point (°C)	-15 to 10	-6	-2	-45
Calorific value (kJ/kg)	>33000	43400	39488.592	33000
FFA %	<2.5	---	.12	---

4.3 Análise qualitativa (TLC)

A conversão qualitativa do biodiesel foi verificada para determinar se foi convertido ou não. Para o efeito, procedeu-se à TLC (cromatografia em camada fina). Nela, 3 amostras foram colocadas na lâmina simultaneamente.

A amostra 1 era de petróleo bruto. A amostra 2 era de biodiesel de óleo alimentar usado e a 3rd era de óleo misturado com álcool.

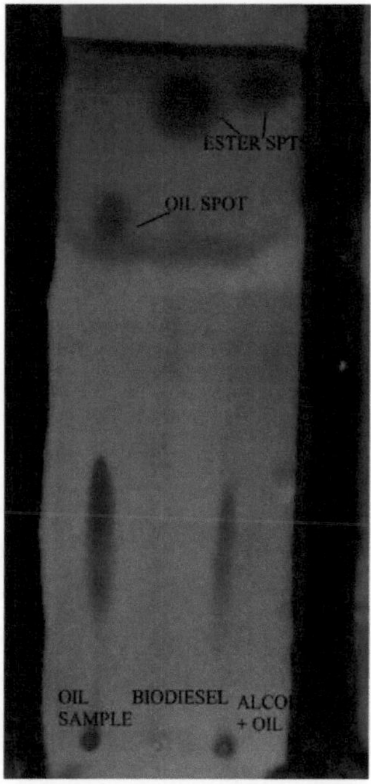

Figura 4.1: Análise TLC

Resultados:

> A amostra 1 apresentou manchas de ácidos gordos e manchas de óleo. Não se registou qualquer éster, o que significa que não houve conversão em biodiesel.

> A amostra 2 era de biodiesel, que apresentava apenas manchas de ésteres. Não foram observados ácidos gordos nem manchas de óleo. Isto significa que ocorreu uma conversão de 100% em biodiesel.

> A amostra 3 apresentou manchas de ácidos gordos e ésteres, o que indica que algum óleo foi convertido em biodiesel, mas não ocorreu uma conversão completa.

4.4 Caraterísticas de desempenho do motor diesel

Variações BHP

A potência de travagem (Brake Horse Power) é a potência de saída de um motor diesel. É expressa em kW ou HP.

$$\text{BHP} = \frac{\text{V X I}}{880}\text{kW}$$

O BHP aumenta com a carga para todas as misturas de gasóleo-biodiesel ou butanol. O B60 apresentou um maior aumento do BHP em comparação com as outras misturas e o gasóleo puro. A tensão é quase constante para todas as misturas. Assim, a potência de travagem variou diretamente com o fluxo de corrente. O BHP das misturas de butanol foi quase igual ao do gasóleo. Como o fluxo de corrente em vazio é zero, o BHP em vazio para todas as misturas foi zero. Não houve produção de potência em vazio. Os valores de BHP para várias misturas são apresentados na figura.

O B20 apresentou um aumento percentual menor no BHP em comparação com o gasóleo. A cargas mais baixas, foi de apenas 1-2% e a cargas mais elevadas aumentou até 5%. n- As misturas de butanol tiveram quase a mesma variação que o B20 ou menos que o B20. A B60 registou um aumento mais elevado do BHP de cerca de 15-20%. O B40 teve um aumento médio de até 8%.

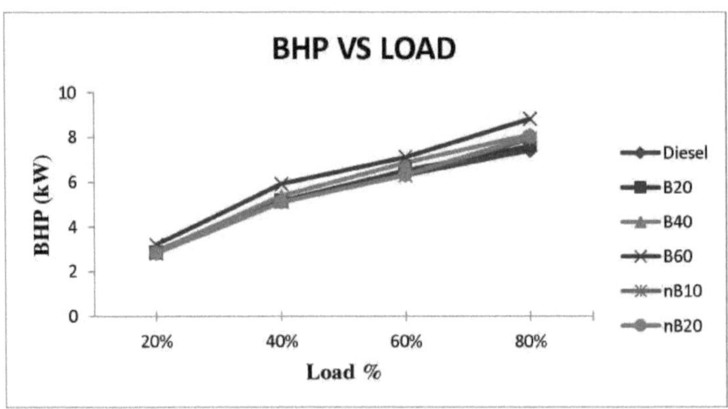

Figura 4.2: BHP Vs Carga

BSFC Variações

O consumo específico de combustível no freio é estimado a partir da potência de saída no freio do grupo gerador e do caudal mássico equivalente dos combustíveis. É regido pela qualidade da combustão do combustível.

$$BSFC = \frac{Mf}{BHP}$$

Mesmo o combustível de maior poder calorífico dá uma produção de trabalho menor ou equivalente em comparação com o combustível de poder calorífico comparativamente mais baixo (Raju, 2010). Tal deve-se a emissões mais elevadas de hidrocarbonetos ou à queima parcial do combustível durante a combustão. A figura mostra as variações do consumo específico de combustível ao travão para o gasóleo, as misturas gasóleo-biodiesel e as misturas gasóleo-biodiesel-n-butanol.

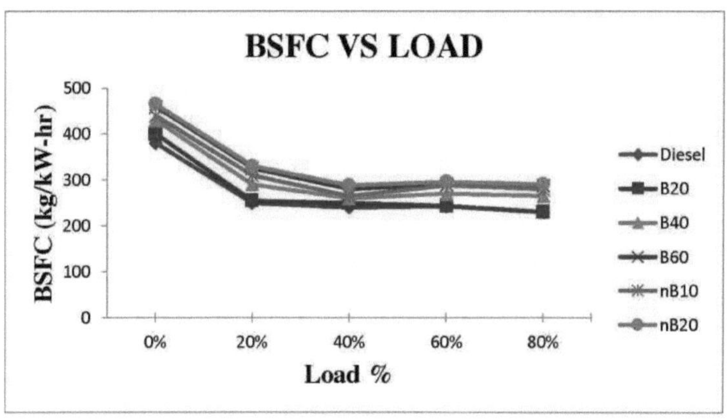

A figura mostra que o BSFC diminui gradualmente à medida que a carga aumenta. O funcionamento do motor é mais económico com a adição de n-butanol a cargas mais baixas. A cargas mais elevadas, a diminuição do BSFC foi maior em comparação com as cargas mais baixas. O B20 apresentou uma diferença de 5% a cargas mais baixas e de 2% a cargas mais elevadas. A adição de butanol pode ser muito vantajosa, uma vez que a diferença foi maior nas misturas de butanol. Foi de cerca de 25% a cargas mais baixas e de 15% a cargas mais elevadas.

BTE Variações

A eficiência térmica do freio está diretamente relacionada com a potência de saída do freio do motor diesel e varia inversamente com o valor calorífico e o fluxo de massa equivalente.

$$\mathrm{BTE} = \left[\frac{\mathrm{BHP}\ X\ 3600}{\mathrm{Mf}\ X\ \mathrm{CV}}\right] X\ 100$$

Na figura, verificou-se uma ligeira queda na eficiência com as misturas B40 e B60 de éster metílico de OMA quando comparadas com o gasóleo. Esta queda na eficiência térmica deve ser atribuída ao baixo poder calorífico do éster metílico. Observou-se que a eficiência térmica de travagem do B20 é melhor do que a do petro-diesel em todas as cargas testadas. Além disso, a eficiência diminuiu com a adição de n-butanol.

A B20 mostrou maior eficiência em comparação com o gasóleo e outras misturas. A B20 revelou-se 13,2% mais eficiente do que o gasóleo a cargas mais baixas e 7,3% mais eficiente a cargas mais elevadas. As outras misturas foram menos eficientes, embora esta diferença fosse muito pequena, de cerca de 2-7%. Assim, a mistura B20 pode ser sugerida como a melhor mistura para a preparação de biodiesel com OMA.

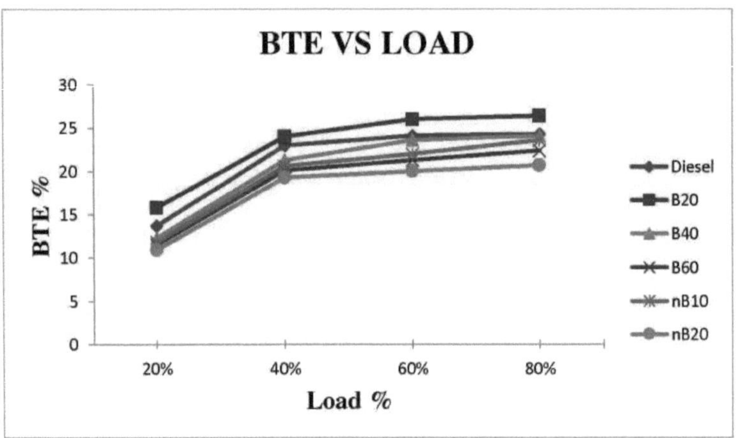

Figura 4.4: BTE Vs Carga

BSEC Variações

O consumo específico de energia no freio (BSEC) é um parâmetro fiável para comparar os combustíveis de diferentes valores caloríficos. É o produto do poder calorífico e do consumo específico de combustível no travão e é expresso em kJ/kW-hr.

$$\text{BSEC} = \text{BSFC X CV}$$

A BSEC diminui com o aumento da carga para todas as misturas de combustível. As misturas B40 e B60 e nB10 apresentaram uma BSEC mais elevada em comparação com o gasóleo em todas as cargas testadas. Este facto deve-se principalmente ao valor calorífico ligeiramente inferior, uma vez que consome mais combustível. Na figura, as misturas B20 e nB10 apresentaram um decréscimo de cerca de 0,09-9% no BSEC a todas as cargas, em comparação com o gasóleo. As misturas B40 e B60 registaram um aumento de cerca de 4-15% na BSEC em todas as cargas.

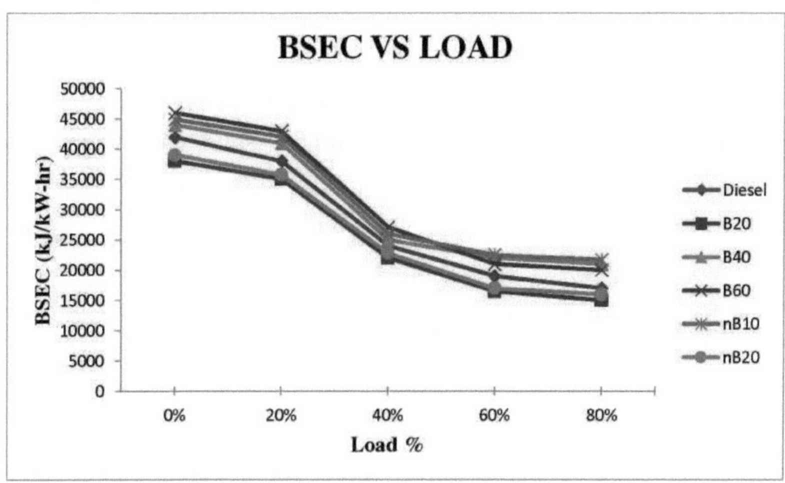

Figura 4.5: BSEC Vs Carga

4.5 Caraterísticas de emissão do motor diesel

Emissões de HC

A variação das emissões de hidrocarbonetos com a carga para o gasóleo, B20, B40, B60 e misturas de n-buatnol é comparada com uma taxa de compressão de 16,5:1 a velocidade constante. Observou-se que, com o aumento da carga, a emissão de hidrocarbonetos aumenta. Este facto deve-se à entrada de uma mistura rica em combustível e ar na câmara de combustão devido ao aumento do consumo de combustível. Isto leva a uma combustão incorrecta, devido à qual as emissões de hidrocarbonetos não queimados aumentam. Observou-se também que, com o aumento do teor da mistura, as emissões de HC diminuem. Este facto deve-se ao elevado índice de cetano das misturas de biodiesel. Um índice de cetano mais elevado reduz o atraso da combustão, o que melhora a combustão. Outra razão para as baixas emissões de hidrocarbonetos com o aumento do teor da mistura deve-se ao facto de o teor de oxigénio ser superior ao do combustível para motores diesel. Observou-se que as emissões de HC para o gasóleo eram mais elevadas e para a mistura B60 eram mais baixas.

A diminuição das emissões de HC aumentou com o teor de biodiesel e diminuiu com a carga. O B60 apresentou 55-65% a cargas mais baixas e 40-50% a cargas mais elevadas, enquanto o B20 apresentou uma diminuição de 15-25% nas emissões de HC a todas as cargas. As misturas de butanol apresentaram uma diminuição de 20-45% em todas as cargas. A emissão de HC para diferentes combustíveis com a carga a uma única taxa de compressão e a uma velocidade constante é ilustrada na figura seguinte.

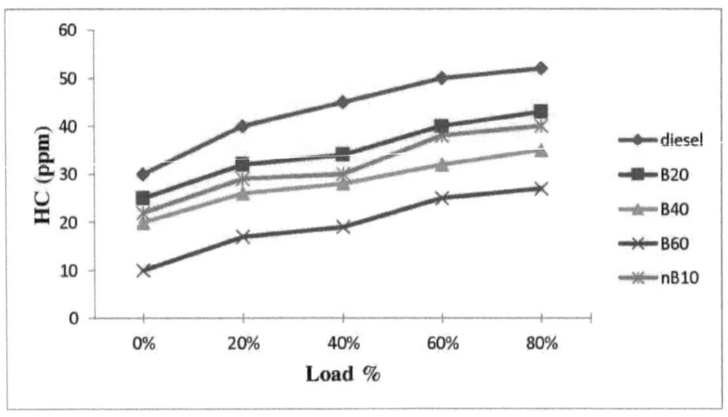

Figura 4.6: Emissões de HC

Emissões de CO

As emissões de monóxido de carbono resultam de uma combustão incompleta. As emissões de CO para o gasóleo, B20, B40, B60 e misturas de n-butanol com carga são comparadas com CR16,5:1

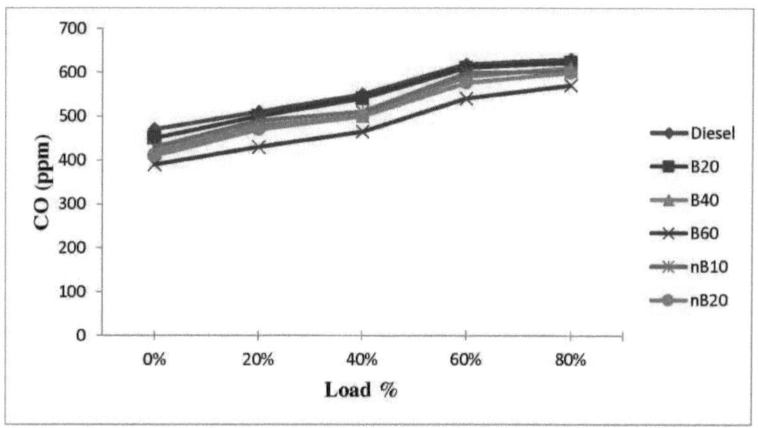

Figura 4.7: Emissões de CO

Observou-se que, com o aumento da carga, as emissões de CO aumentaram, o que se deve à injeção de uma mistura rica de ar e combustível, que conduziu a uma combustão incompleta do combustível. Observou-se que as emissões de CO da mistura B20 eram quase iguais às do gasóleo, com uma diminuição de 1-8%. Mas, com o aumento do teor da mistura, observou-se que as emissões diminuíram. Isto pode dever-se ao maior teor de oxigénio, que leva a uma combustão completa. A mistura B40 registou uma diminuição de 8-50% e a mistura B60 registou uma diminuição de 10-25%.

As emissões de CO diminuíram com o aumento da concentração de n-butanol, o que reduz o período de retardamento e melhora a combustão. A adição de butanol reduziu as emissões em 3-15%. As emissões de CO da mistura B60 e nB20 com CR16,5:1 foram as mais baixas de todos os combustíveis. As emissões de CO das misturas de gasóleo, B20, B40, B60 e n-butanol com carga a taxas de compressão de CR16,5:1 estão ilustradas na figura acima.

Emissões de NOx

Foram comparadas as emissões de NOx do gasóleo, B20, B40, B60 e misturas de n-butanol com carga crescente à taxa de compressão CR16,5:1 e velocidade constante de 1500 rpm. As emissões de NOx dependem da temperatura. Observou-se que as emissões de NOx aumentam com o aumento da carga. Isto deve-se ao aumento da temperatura no interior da câmara de combustão a cargas elevadas. Observou-se que as emissões de NOx aumentam com o aumento do teor da mistura. Isto deve-se ao elevado teor de oxigénio no combustível biodiesel. O azoto do ar pode misturar-se facilmente com o oxigénio e produzir emissões de NOx. Observou-se que estas emissões diminuíram com o teor de n-butanol devido a um menor atraso na ignição, o que aumenta a pressão e a temperatura de pico.

As emissões de NOx aumentaram com o éster metílico da OMA a um ritmo de 5-25%, enquanto a adição de butanol diminuiu as emissões de NOx em 1-10%. A figura seguinte ilustra as emissões de NOx para as misturas de gasóleo, B20, B40, B60 e n-butanol com carga a CR16,5:1.

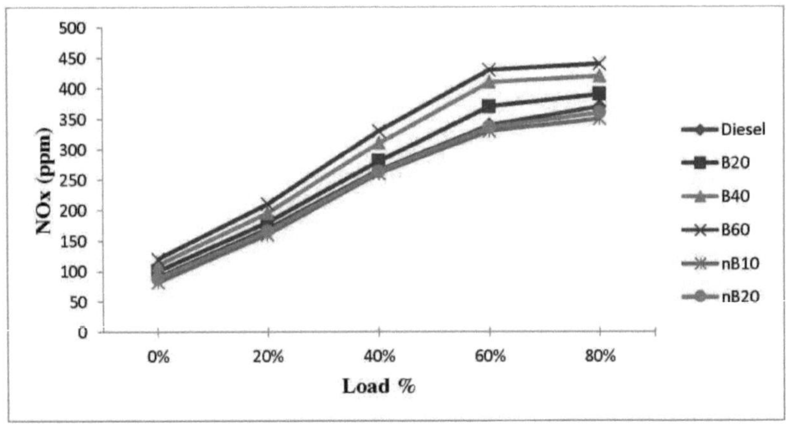

Figura 4.8: Emissões de NOx

Emissões de CO2

Foram comparadas as emissões de CO_2 das misturas de gasóleo, B20, B40, B60 e n-butanol com a carga a CR16,5:1. Observou-se que, com o aumento da carga, as emissões de CO_2 aumentam devido a uma melhor combustão a cargas elevadas. As emissões de CO_2 com gasóleo foram as mais elevadas. Com o aumento do teor da mistura, as emissões de CO_2 diminuíram. O dióxido de carbono é formado na combustão completa do combustível em oxigénio. Neste caso, a formação de dióxido de carbono é menor devido ao facto de o biodiesel ser, em geral, um combustível com baixo teor de carbono e ter uma relação carbono elementar/hidrogénio inferior à do gasóleo. Observou-se que as emissões de CO2 diminuíram significativamente com o aumento do teor de butanol devido ao bom teor de oxigénio e ao menor atraso na ignição, o que levou a uma melhor combustão.

As emissões de CO2 diminuíram 4-10% com B20, enquanto as misturas mais elevadas registaram uma diminuição de 11-35%. A adição de butanol diminuiu as emissões em 30-60% em todas as cargas. A variação das emissões de CO2 com a carga no CR16.5:1 é ilustrada na figura seguinte.

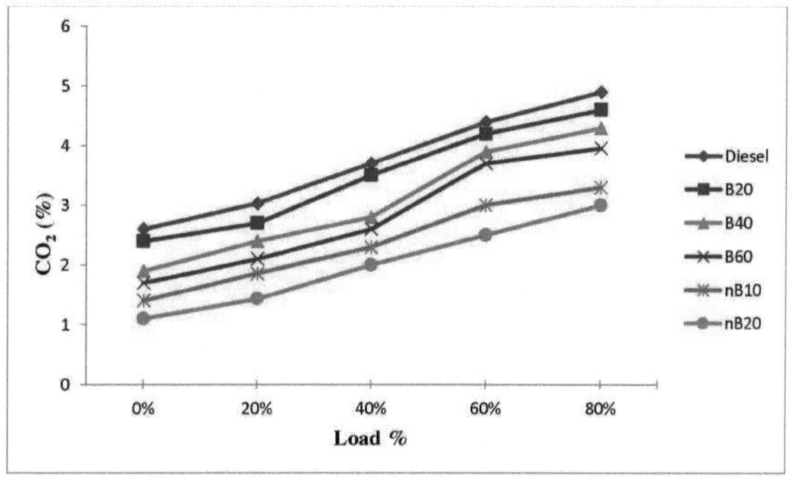

Figura 4.9: Emissões de CO2

EMISSÕES DE FUMO

A figura representa a variação da opacidade do fumo com as misturas de biodiesel e n-butanol. A opacidade do fumo foi calculada para várias misturas de biodiesel-diesel e n-butanol-biodiesel-diesel. O biodiesel produz menos emissões de fumo em comparação com o gasóleo de petróleo. Com o aumento da percentagem de biodiesel, a opacidade do fumo aumenta. A opacidade do fumo aumenta com o aumento da carga. A mistura B20 produz emissões de fumo mais elevadas do que as misturas B40 e B60 em todas as condições de carga. Tal pode dever-se à maior densidade do combustível, que resulta numa mistura lenta e numa combustão insuficiente, o que conduz a uma maior emissão de fumo. No entanto, a opacidade dos fumos aumentou com a adição de n-butanol em comparação com as misturas de biodiesel, mas foi inferior à do gasóleo a 100%.

O B20 apresentou uma diminuição de 20-28% do fumo, enquanto o B40 e o B60 apresentaram uma diminuição de 34-50% do fumo em comparação com o gasóleo. As misturas de butanol apresentaram uma diminuição de 10-25% do fumo em comparação com o gasóleo.

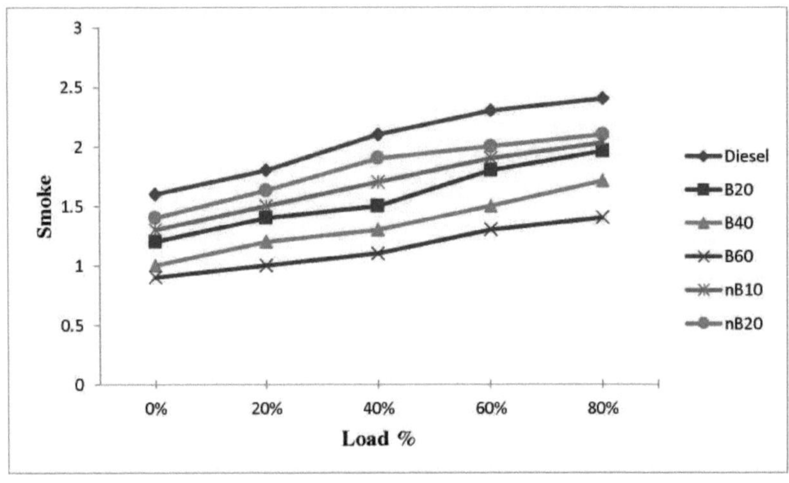

Figura 4.10: Variações do fumo

CAPÍTULO 5

5.1 CONCLUSÃO

O biodiesel tornou-se mais atrativo recentemente devido aos seus benefícios ambientais e ao facto de ser produzido a partir de recursos renováveis. Os restantes desafios são o seu custo e a disponibilidade limitada de recursos de gorduras e óleos. Há dois aspectos do custo do biodiesel: os custos das matérias-primas (gorduras e óleos) e os custos de processamento. O custo das matérias-primas representa 60 a 75% do custo total do biodiesel. A utilização de óleos alimentares usados pode reduzir significativamente o custo, embora sejam necessários estudos para encontrar uma forma mais económica de utilizar óleos alimentares usados para produzir biodiesel. Existem várias opções: primeiro, remover os ácidos gordos livres do óleo alimentar usado antes da transesterificação, utilizar a transesterificação catalisada por ácido ou utilizar alta pressão e temperatura. Em termos de custo de produção, há também dois aspectos, o processo de transesterificação e a recuperação do subproduto (glicerol). Um processo de transesterificação contínuo é uma opção para reduzir o custo de produção. As bases deste processo são um tempo de reação mais curto e uma maior capacidade de produção. A recuperação de glicerol de alta qualidade é outra forma de reduzir o custo de produção. Como há pouca água presente no sistema, o glicerol do biodiesel é mais concentrado. Ao contrário do processo tradicional de recuperação de glicerol de sabão, a energia necessária para recuperar o glicerol de biodiesel é baixa devido à eliminação do processo de evaporação. Além disso, o processo também é mais simples do que a recuperação de glicerol de sabão, uma vez que existe uma quantidade negligenciável de sabão no glicerol de biodiesel. Isto implica que o custo da recuperação de glicerol de alta qualidade a partir do glicerol de biodiesel é inferior ao do glicerol de sabão e que o custo do combustível biodiesel pode ser reduzido se uma fábrica de biodiesel tiver a sua própria instalação de recuperação de glicerol.

Seguem-se as conclusões baseadas nos resultados experimentais obtidos durante o funcionamento de um motor diesel monocilíndrico alimentado com misturas de éster metílico de OMA e butanol em diferentes proporções com gasóleo.

> As misturas inferiores de éster metílico de OMA podem ser utilizadas no motor diesel sem quaisquer modificações no motor. O filtro de combustível tem de ser mudado após um certo intervalo de tempo.

> A eficiência térmica de travagem do B20 é superior à do gasóleo em todas as condições de carga.

> O B20 apresentou os melhores resultados, pelo que pode ser considerado como uma mistura de combustível óptima em termos de desempenho e de redução das emissões. Os resultados do nB10 também foram consideráveis. De facto, deu melhores resultados na redução das emissões e no caso do BSFC.

> Verificou-se que as emissões de fumo, HC e CO do gasóleo a diferentes cargas eram mais elevadas do que as das misturas de biodiesel B20, B40 e B60. A adição de butanol como combustível oxigenado reduziu as emissões para níveis ainda mais baixos.

> As propriedades das misturas de butanol foram quase equivalentes às do gasóleo puro no caso do BTE e do BSEC.

> O biodiesel de misturas de n-butanol e biodiesel diesel assemelha-se muito ao diesel convencional, tanto nas propriedades como no desempenho em motores de ignição por compressão. A análise económica sugere uma boa margem de manobra para o biodiesel em comparação com o gasóleo.

Com as propriedades do biodiesel de OMA próximas do gasóleo, pode ser um combustível substituto útil para o motor a gasóleo. A adição de butanol pode revelar-se útil. A mistura B20 e 10% de butanol com biodiesel é a melhor alternativa ao gasóleo.

5.2 Perspectivas futuras

O biodiesel é um dos combustíveis alternativos mais viáveis para os veículos. O biodiesel é muito fácil de substituir o gasóleo de petróleo nos motores modernos, sem que seja necessário efetuar quaisquer alterações. Nos tempos que correm, em que os preços do petróleo aumentam todos os dias e a poluição atmosférica subiu para níveis alarmantes, há cada vez mais consciência para a utilização do biodiesel. Além disso, devido a vários subsídios, o biodiesel está a tornar-se competitivo em termos de custos com o gasóleo de petróleo e, até agora, milhões de pessoas têm usufruído dos benefícios do biodiesel.

O biodiesel produzido na Ásia, na América do Sul e em África é atualmente menos dispendioso do que o produzido na Europa e na América do Norte, o que sugere que as importações para estas nações mais ricas irão provavelmente aumentar no futuro. Por conseguinte, pode ser uma boa perspetiva futura para as exportações de países como a Índia, que dispõe de ricas reservas biológicas. Como todos os combustíveis derivados do petróleo, o biodiesel também requer um investimento significativo de energia antes de chegar às bombas de gasolina. Está em curso muita investigação para encontrar culturas mais adequadas e melhorar o rendimento do óleo. Utilizando os rendimentos actuais, seriam necessárias grandes quantidades de terra e água doce para produzir óleo suficiente para substituir completamente os combustíveis convencionais à base de petróleo.

O biobutanol também tem um futuro prometedor devido às suas excelentes propriedades de combustível. Em 2006, foi demonstrado que o n-butanol pode ser utilizado a 100% em motores de ignição de 4 ciclos não modificados ou misturado com gasóleo até um mínimo de 30% num motor de compressão diesel ou misturado com querosene até 20% num motor de turbina a jato (Schwarz et al., 2006). A produção anual de biobutanol está estimada em 470.000 galões. Devido às suas boas propriedades de elevado poder calorífico, elevada viscosidade, baixa volatilidade, elevada hidrofobicidade e menor corrosividade, o butanol tem potencial para ser um bom combustível no futuro.

Os investigadores conseguiram também identificar certas algas com um teor natural de óleo superior a 50 %, que podem mesmo ser cultivadas em lagos ou estações de tratamento de águas residuais. Estas algas ricas em óleo podem então ser extraídas do sistema e transformadas em biodiesel. No entanto, a produção destas algas ricas em óleo para a produção de biodiesel ainda não foi efectuada a nível comercial; estas algas encontram-se ainda em várias fases de investigação, antes de se tornarem totalmente adequadas para a produção final.

O fator mais importante que vai liderar o desenvolvimento e o crescimento futuro do biodiesel é o seu custo. O custo do biodiesel dependerá da capacidade do mundo de produzir em grande escala matérias-primas renováveis de óleo vegetal e gorduras animais sem perturbar o ecossistema. Tornar a utilização do biodiesel sustentável proporcionará ao mundo um excelente combustível renovável que pode ser utilizado durante muito tempo sem perturbar o ambiente e reduzindo a dependência dos combustíveis petrolíferos. Assim, o biodiesel é uma boa alternativa e uma excelente perspetiva para alimentar o mundo de amanhã.

REFERÊNCIAS

1) Abdullah Abuhabaya, Fengshou Gu e Andrew Ball "Combustion heat release models of biodiesels" J Pet Environ Biotechnol 2013, 4:6

2) Alasfour, F.N., "Butanol - A single cylinder engine study: Desempenho do motor", *International Journal of Energy Research.* **21**(1): 21-30, 1997.

3) Alfuso, S.; Auriemman M.; Police, G. e Vittoria M. 1993. The effect of methyl-ester of rapeseed oil on combustion and emissions of DI diesel engines. Documento técnico SAE 932801, Warrendale, EUA.

4) Agathou, M. S., e Kyritsis, D. C., "Tecnologias de utilização de combustível de biobutanol: Electrostatic Sprays, Diffusion Flames and Kinetic Modeling," SAE paper 2011-01-0619, 2011.

5) Codd, L.W. 1975. Materials and Technology. Vol. VIII, Longman Group Ltd., Londres, Ist edition.

6) Canakci M.; Van Gerpen J. Biodiesel production from oils and fats with high free fatty acids. Trans. ASAE 44: 1429-1436; 2001.

7) Cascone, R. Biocombustíveis: O que está para além do etanol e do biodiesel? Hydrocarbon. 2007, 86(9)95-109.

8) Chiou B. S.; El-Mashad H. M.; Avena-Bustillos R. J.; Dunn R. O.; Bechtel P. J.; McHugh T. H.; Imam S. H.; Glenn G. M.; Ortz W. J.; Zhang R. Biodiesel from waste salmon oil. Trans. ASABE 51: 797-802; 2008

9) Deepak Agarwal, Shailendra Sinhab, Avinash Kumar Agarwal- Investigação experimental do controlo das emissões de NOx em motores de ignição por compressão alimentados a biodiesel. Renewable Energy 31 (2006) 2356-2369

10) Ezeji, T. C., Qureshi, N., e Blaschek. H. P., "Bioproduction of butanol from biomass: From genes to bioreactors," *Current opinion in biotechnology.* **18**(3): 220-227, 2007.

11) Fangrui Maa, Milford A. Hannab, "Biodiesel production: a review" Bioresource

Technology 70, Page 1-15, 2 de fevereiro de 1999.

12) Fukuda H, et al. 2001. Produção de combustível biodiesel por transesterificação de óleos. J Biosci Bioeng 92(5):405-416.

13) Gautam, M., Martin II, D.W., e Carder, D., "Emissions characteristics of higher alcohol/gasoline blends," *Proceedings of the Institution of Mechanical Engineers, Part A: Journal of Power and Energy.* **214**(2): 165-182, 2000

14) Goering, C.E.; Schwab, A.W.; Daugherty, M.J.; Pryde, E.H. e Heazkin, A. J. 1981. Propriedades de combustível de onze óleos vegetais. ASAE Paper 81-3579, St Joseph, Michigan, EUA.

15) Graboski, M.S. e McCormick, R.L., Combustion of Fat and Vegetable Oil Derived Fuels in Diesel Engines, Prog. Energy Combust. Sci., 24, 125-164, 1998.

16) Gerhard Knothe "Dependence of biodiesel fuel properties on the structure of fatty acid alkyl esters" Fuel Processing Technology 86, Page 1059- 1070, 2005.

17) Hu Chen; Du Z; Li C; Min E. Estudo sobre as propriedades de lubrificação do biodiesel como melhoradores de lubricidade do combustível. Fuel 84: 1601-1606; 2008

18) Harold, S., Industrial Vegetable Oils: Opportunities Within the European Biodiesel and Lubricant Markets. Parte 2. Caraterísticas do mercado, *Lipid Technol. 10:* 67-70 (1997).

19) Jilin Lei, Yuhua Bi e Lizhong Shen "Caraterísticas de desempenho e emissões de motores a gasóleo alimentados com misturas de etanol e gasóleo em diferentes regiões de altitude" Journal of Biomedicine and Biotechnology Volume 2011 (2011), Artigo ID 417421

20) J. Dernotte, C. Hespel, F. Foucher, S. Houille, C. Mounaim-Roussellea "Influência das propriedades físicas do combustível na taxa de injeção num injetor Diesel" Fuel 96 (2012) 153-160

21) Knothe G. Sharp CA, Ryan TW (2006) Exhaust emission of biodiesel, petrodiesel, neat methyl esters and alkanes in a new technology engine. Energy

Fuels 20: 403-408

22) Lotero E.; Liu Y.; Lopez D. E.; Suwannakarn K.; Bruce D. A.;Goodwin J. G. Jr Síntese de biodiesel por catálise ácida. Ind. Eng. Chem. Res. 44: 5353-5363; 2005. doi:10.1021/ie049157g

23) Lapuerta M.; Herreros J. M.; Lyons L. L.; Garcia-Contreras R.; Briceno Y. Effect of the alcohol type used in the production of waste cooking oil biodiesel on diesel performance and emissions.

24) Fuel 87: 3161-3169; 2008. doi:10.1016/j.fuel.2008.05.013.

25) Meher LC, Sagar DV, Naik SN. 2006. Aspectos técnicos da produção de biodiesel por transesterificação: A review. Renew Sustain EnergRev 10(3):248-268.

26) Murugesan A, Umarani C, Chinnusamy TR, Krishnan M., Subramanian R, Neduzchezhain. N (2009) Production and analysis of bio-diesel from non-edible oils-A review. Renewable and Sustainable Energy Reviews 13: 825-834

27) Mustafa Balat , Havva Balat "A critical review of bio-diesel as a vehicular fuel" Energy Conversion and Management 49, Page 2727-2741, 24 de março de 2008.

28) M.Mathiyazhagan, A.Ganapathi, B. Jaganath, N. Renganayaki, e N. Sasireka "Production of biodiesel from non-edible plant oils having high FFA content", International Journal of Chemical and Environmental Engineering, Vol. 2, No.2, abril de 2011.

29) Oβwald, P., Guldenberg, H., Kohse-Hoinghaus, K., Yang, B., Yuan, T., e Qi, F., "Combustion of butanol isomers - A detailed molecular beam mass spectrometry investigation of their flame chemistry," *Combustion and Flame*. **158**(1): 2-15, 2010.

30) Peterson, C. L.; Wagner, G. L. e Auld, D. L. 1983. Vegetable oil substitutes for diesel fuel. Transação da ASAE, 26 (2): 322-327.

31) Pramanik, Das P e Kim PJ. 2012. Preparação de biocombustível a partir de óleo de semente de Argemone através de uma técnica alternativa e económica. Fuel

91: 81-86

32) Pryde, E.H. 1982. Vegetable oil fuel standards. In: Proceedings on Plant Oils as Fuels. ASAE, St. Joseph, Michigan, EUA.

33) Peterson, C. L.; Wagner, G. L. e Auld, D. L. 2000. Vegetable oil substitutes for diesel fuel. Transação da ASAE, 26 (2):322-327.

34) Purnanand Vishwanathrao Bhale, Nishikant V. Deshpande, Shashikant B. Thombre "Improving the low temperature properties of biodiesel fuel" Renewable Energy 34 (2009) 794-800

35) Qureshi N, Maddox IS. Produção contínua de acetona-butanol-etanol utilizando células imobilizadas de Clostridium acetobutylicum e integração com a remoção do produto por extração líquido-líquido. J Ferment Bioeng. 1995, 80(2):185-189.

36) Rice, R. W., Sanyal, A.K., Eirod, A.C., e Bata, R.M., "Exhaust Gas Emissions of Butanol, Ethanol, and Methanol-Gasoline Blends", *Journal of Engineering for Gas Turbines and Power*. **113**(3): 377-381, 1991.

37) Szwaja, S., e Naber, J.D., "Combustion of n-butanol in a spark-ignition IC engine", *Fuel*. **89**(7):1573-1582, 2010.

38) Schwarz WH, Gapes JR, Zverlov VV, Antoni D, Erhard W, Slattery M. Comunicação pessoal e demonstração na TU Muenchen (Campus Garching e Weihenstephan) em junho de 2006

39) Srivastava A.; Prasad R. Combustíveis diesel à base de triglicéridos. Renew. Sust. Energ. Rev. 4: 111-133; 2000. doi:10.1016/S1364-0321(99) 00013-1.

40) Scholl, K. w. e Sorenson, S. C. (1993).Combustão de um éster metílico de óleo de soja num motor diesel de injeção direta. Documento SAE NO. 930934. SAE, Warrendale, PA.

41) S.K. Mahla e Arvind Birdi Desempenho e caraterísticas de emissão de diferentes misturas de ésteres metílicos de linhaça no motor diesel International Journal on

Emerging Technologies 3(1): 55-59(2012)

42) Tickell, J e Tickell, K., 1999. From the Fryer to the Fuel Tank, *Green Teach Pub,* ISBN 0966461614, First edition, Pages 14-56.

43) Ulf Schuchardta, Ricardo Serchelia, Rogerio Matheus Vargas "Transesterificação de Óleos Vegetais: uma Revisão" , J. Braz. Chem. Soc., Vol. 9, No. 1, Page 199-210, 1998

44) Wang, F., Wu, J., e Liu, Z., "Surface Tensions of Mixtures of Diesel Oil or Gasoline and Dimethoxymethane, Dimethyl Carbonate, or Ethanol," *Energy Fuels*. **20**(6): 2471-2474, 2006.

45) Wigg, B. R., Coverdill, R. E., Lee, C. F., eKyritsis, D. C., "Emissions Characteristics of Neat Butanol Fuel Using a Port Fuel-Injected, Spark-Ignition Engine," SAE paper 2011-01-0902, 2011.

46) Yacoub, Y., Bata, R., e Gautam, M., "The Performance and Emission Characteristics of Cl - C5 Alcohol-Gasoline Blends with Matched Oxygen Content in a Single Cylinder Spark Ignition Engine," *Proceedings of the Institution of Mechanical Engineers, Part A: Journal of Power and Energy*. **212**(5): 363-379, 1998

47) Zhang, Y., e Boehman, A.L., "Oxidation of l-butanol and a mixture of n-heptane/1-butanol in a motored engine," *Combustion and Flame.* **157**(10): 1816-1824, 2010.

48) Zhang Y.; Dube M. A.; McLean D. D.; Kates M. Biodiesel production from waste cooking oil via two-step catalyzed process. Energ. Convers. Manage. 48: 184-188; 2003.

Printed by Books on Demand GmbH, Norderstedt / Germany